RECUEIL POLYTECNIQUE

Des Ponts et Chaussées, Canaux de Navigations, Ports maritimes, Dessèchement des Marais, Agriculture, Manufactures, et Arts mécaniques;

ET

ALMANACH GÉNÉRAL

DES

CONSTRUCTIONS CIVILES DE FRANCE;

Dedié aux Ingénieurs, Cultivateurs, Architectes, Directeurs de Manufactures, Entrepreneurs, Constructeurs, Mécaniciens, et à tous les amis des Arts et du Commerce.

AVIS.

CET ouvrage à peine connu, dont les six premiers cahiers viennent de paraître sous le titre de *Recueil Polytecnique*, a reçu l'assentiment d'un grand nombre d'Ingénieurs et d'Artistes, de l'intérieur de la République Française.

Nous en avons donné quelques Extraits qui ont dû mettre le public à portée d'en juger. Pour répondre à l'intérêt qu'on a bien voulu prendre à notre travail, nous n'avons épargnés aucuns soins, ni dépenses nécessaires pour le rendre digne de ces témoignages flatteurs, et instructif pour tous les genres de lecteurs; Notre but principal a été d'encourager et d'utiliser les talens des artistes, en publiant leurs vues, leurs projets et leurs plans, qui par l'éloignement de la Capitale, ou autres causes faciles à concevoir, seraient restés ensevelis dans leurs porte-feuilles, et rendus par-là inutiles aux progrès de l'art, à la prospérité publique, à l'embélissement des villes et des campagnes, et aux communications qu'une population immense, un territoire d'une fécondité prodigieuse de tout genre, et un commerce actif et industrieux, rendent indispensables dans un Etat aussi avantageusement placé que la France.

Par ce moyen, ceux qui ont quelques plans ou projets dont ils croyent l'exécution nécessaire au bien public, peuvent nous les adresser avec toute confiance pour être publiés, s'ils le jugent convenable.

Les dépenses multipliées dans lesquelles cette entreprise nous a entraînés, nous obligent d'observer à nos abonnés, que plusieurs sont restés *en retard de payement*, tous ont été néanmoins servis avec la même exactitude; *nous les engageons donc à vouloir bien satisfaire à cette obligation, soit par la voie de la poste, ou par toute autre qu'ils jugeront convenable, pourvu que celle qu'ils employeront soit franche de toute retenue.* Nous observons qu'aux termes de notre plan général, le prix de la souscription *est de 18 fr. 90 c. pour tous ceux qui ont souscrit depuis le premier Prairial an XI, jusqu'au premier Vendemiaire an XII*, époque à laquelle nous prévenons que *la souscription sera de 21 fr. pour les dix-huit cahiers* qui doivent former le premier volume du Recueil seulement. *A l'égard de l'Almanach*, la souscriprion sera de 4 fr.

Nous croyons devoir à la confiance de nos abonnés, de les instruire que quelques individus attachés à l'administration des travaux dont nous sommes occupés, ont paru prendre ombrage à l'occasion de l'Ouvrage que nous offrons au public; nous n'avons pas voulu en sonder les motifs, nous les eussions peut-être trouvés de trop mauvais aloi, et dans cette crainte, nous avions résolu de les livrer à l'oubli; c'était la seule justice convenable que nous pouvions faire de petites menées que nous eussions désiré laisser, sinon inconnues à tout le monde, du moins généralement ignorées; mais quelques lettres, même circulaires, dont le but seul était d'arrêter nos souscripteurs, soit dans leurs souscriptions; soit dans la coopération qu'ils pourraient utilement accorder à cet ouvrage, nous obligent de les prévenir contre ces mouvements souterrains. La déclaration que nous avons cru devoir faire, page 4 de notre supplément au plan général, que cet Ouvrage serait exempt de tout esprit de partialité, et entièrement affranchi de toutes les administrations qui y ont rapport et de toute influence de leur part, a peut-être déterminé l'explosion du petit nuage que nous voyons depuis quelque temps circuler autour de notre horizon. Nous n'en maintiendrons pas moins cet affranchissement, autant que la raison et le devoir nous le prescriront, et en nous tenant toujours dans les limites de la décence et des égards qui sont dus aux autorités. Le règne de la bureau-cratie est passé, nous pensons qu'une liberté sage et honnête laissée à tous les citoyens, donne à toutes les classes le droit et la faculté de n'être influencées, que par leur propre jugement, sur l'utilité, le mérite et les vues de bien public d'un Ouvrage. C'est donc à ce jugement que nous en appellons, nous croyons cependant devoir prévenir nos lecteurs, que de ceux qui s'étaient déclarés contre nous, le plus grand nombre, s'est réuni à nos abonnés, et nous a donné depuis des preuves de sentimens qui ne nous laissent rien à désirer; ce qui nous encourage et nous assure que ce travail pourra se continuer avec activité, et avec avantage pour les arts. Notre dix-huitième cahier donnera à ce sujet un détail qui sans doute saura concilier toutes les opinions à cet égard. Eh! peuvent-elles être partagées, lorsqu'il s'agit d'encourager les arts et les sciences, d'agrandir leurs domaines, de donner des facilités au commerce, et de marcher par-là avec assurance au bien de l'humanité, à la prospérité générale et à la gloire de la République ?

L'ALMANACH des Constructions Civiles de France paraîtra tous les ans, à compter du premier Vendemiaire an XII. Ce volume contiendra particulièrement les noms et demeures des Architectes, Ingénieurs, Entrepreneurs, Dessinateurs, Toiseurs, Vérificateurs, Fournisseurs de tous les objets qui ont rapport à cette partie. Le lieu des dépôts, magasins et chantiers y seront désignés; le prix des matériaux, d'après la balance des variations qu'ils auront éprouvées dans l'année précédente.

N. B. Nous invitons les souscripteurs qui n'auraient pas reçu la collection complette des six premiers cahiers, de nous indiquer ceux qui pourront leur manquer, notre intention étant de les leur faire passer dans le plus bref délai.

Nous réitérons aux Ingénieurs des Ponts et Chaussées, aux Architectes, Directeurs ou Entrepreneurs des travaux qui désirent que cet Ouvrage leur soit envoyé directement, l'invitation de nous adresser, le plus exactement possible, leurs noms, qualités et demeures, l'époque des différentes dénominations qu'ils peuvent avoir eues dans la partie des constructions, leur observant que le tableau général des Ingénieurs et Architectes, qui nous a été remis à Paris, n'est pas conforme aux notes qui nous sont parvenues de nos divers souscripteurs; il s'y trouve des noms et des lieux de résidence inéxacts, ce qui peut-être est la cause que plusieurs d'entre eux n'ont par reçu nos premiers cahiers. Il est d'autant plus indispensable que nous ayons exactement leurs noms et leurs demeures, que notre intention est de les porter au Tableau sinoptique, ainsi que dans l'Almanach des Constructions civiles de France, qui paraîtra en Vendemiaire an XII.

A l'égard des noms, des rivières, fleuves et canaux, nous les prévenons que nous nous sommes procurés le tableau le plus exact que l'on puisse désirer. Nous nous proposons de le donner par partie dans chacun de nos cahiers suivans.

Quelques personnes ont paru marchander la souscription de cet Ouvrage. Un Ingénieur en chef d'un premier Département de la République, en ayant mieux calculé les dépenses, vient de nous écrire la lettre suivante qui leur servira de réponse.

Copie de la lettre ci-dessus annnocée.

» J'ai reçu exactement, citoyen, les quatre premiers cahiers que vous m'avez » adressé du Recueil Polytecnique des Ponts et Chaussées; j'en suis très-content, » et je vois même, avec satisfaction, que les plus grandes difficultés de cet » établissement ont été vaincues; les Auteurs, en continuant de s'y donner de la » peine, doivent espérer d'y trouver un jour honneur et profit, pour peu qu'ils » soient secondés par les Ingénieurs qui auront des procédés de constructions,

» nouveaux ou difficultueux, en les leur communiquant avec les dessins nécessaires
» à leur intelligence, et que les associés à votre entreprise en fassent soigner les
» gravures, au simple trait.

» Je joins ici la quittance de la poste, pour les 18 fr. 90 c. que j'ai payé pour
» mon abonnement, quoique vous vous soyez restreint à 12 fr. 60 c. pour la
» première classe de vos souscripteurs, me faisant conscience de profiter de cette
» faveur, pour un Ouvrage dont je sçais apprécier les dépenses et les risques.

S. F... Ingénieur en Chef du Département Mont-Tonnerre.

Un autre Ingénieur nous a écrit qu'il croît la souscription trop modique pour faire face aux frais qu'il prévoit que cette entreprise doit nécessairement occasionner.

Nota. Toutes lettres, paquets ou avis qui ont rapport à cet ouvrage, doivent maintenant être adressés directement et francs de port au Directeur du RECUEIL POLITECHNIQUE, *rue Bardubec*, N°. 2, *au Marais*, où l'on trouve la Collection complette des Cahiers qui ont parû jusqu'à ce jour.

Ainsi que chez GŒURY. Libraire, *quai des Augustins*, N°. 47.

DE SEINE, *palais du Tribunat*.

GIRARD, *au Carousel*, *Café d'Apollon*.

Et DELAVILLE, marchand Papetier, *rue de la Monnoie*, N°. 15.

Chez lesquels on trouve également l'ALMANACH DES CONSTRUCTIONS CIVILES DE FRANCE.

EXTRAIT du Recueil Polytechnique de l'an XI de la République.

DÉTAIL *explicatif du Projet du Canal de l'Ourcq, à Paris, son origine, avec la Gravure du Plan qu'on exécute maintenant.*

PARMI les rivières qui se jettent dans la Marne, il y en a une que l'on a rendue navigable pour l'utilité de Paris et que l'on pensoit même y conduire ; c'est ce que l'on a appellé anciennement le canal de l'Ourcq, situé entre l'Aisne et la Marne.

L'Ourcq prend sa source à une fontaine située dans la forêt de Ris, et passe ensuite par la ville de Fere et par les villages d'Armentieres, de Berny, &c. jusqu'à Lizy-sur-Ourcq, petit bourg, à 300 toises duquel elle tombe dans la Marne.

Le canal d'Ourcq n'est autre chose que la rivière d'Ourcq rendue navigable en 1662. En 1632, Louis de Forligny, bourgeois de Paris, obtint des lettres-patentes pour rendre la rivière de l'Ourcq navigable depuis la Ferté-Milon jusqu'à son embouchure dans la Marne près de Lizy.

En 1661, le sieur Arnoud augmenta la navigation de trois lieues, en remontant depuis la Ferté-Milon jusqu'au moulin de l'Isle, proche de Cresne. A la même époque le duc d'Orléans obtint à son profit le péage établi sur la rivière d'Ourcq, à la charge par lui de réparer et entretenir ladite rivière en état de porter bateaux.

Ce canal commence au port du Perche, le premier qui soit au-dessus de la Ferté-Milon (et où commence réellement la navigation) jusqu'à sa décharge dans la rivière de Marne. Sa longueur est de 19,874 toises et demie.

En 1774 l'on a construit à Troisne un bassin où se rangent les bateaux pour être chargés; ils descendent ensuitejusqu'à son embouchure dans la Marne par le canal de l'Ourcq. La navigation se fait par vingt-une écluses simples, en y comprenant celle de Bouchy, où se fait la dernière sortie des bateaux de l'Ourcq pour entrer dans la Marne.

Les bateaux de cette rivière sont des demi-marnois, parvenus dans la Marne à Lizy, ils sont reversés dans des bateaux marnois, tels qu'ils arrivent aux différens ports de Paris.

Cette rivière d'Ourcq est si utile, que les marchands l'appellent la petite rivière par excellence.

En 1676 il y eut des lettres-patentes pour l'ouverture d'un canal qui devoit venir de la rivière d'Ourcq et de la Marne au-delà de Meaux jusqu'à Paris. Il fut même commencé par M. Demause. Ce canal devoit être formé des eaux de la rivière d'Ourcq, prises au-dessous de Gesvres, village sur l'Ourcq, presqu'au droit de la petite rivière Gergogne, entre Meaux et la Ferté-Milon : l'on y auroit joint les eaux qui se trouvent sur son cours, comme celle des ruisseaux de Congis, de Claye, qui se jettent à présent dans la Marne : ce canal auroit eu en tout temps et par-tout six pieds d'eau, sur une largeur de 24 pieds au fond et 48 à la surface. Il auroit eu son embouchure dans la Marne au-dessous de Lizy, de même que l'a aujourd'hui la rivière d'Ourcq ; les bateaux venant de Paris ou de la Ferté-Milon, de Gesvres ou de Lizy, seroient entrés par le canal dans la Marne ; ceux venus sur la Marne, de la Champagne ou d'autres endroits, seroient entrés de la Marne dans le canal au moyen d'une écluse. Il seroit arrivé au-dessus de Paris vers Belleville, d'où il auroit été continué par le faubourg Saint-Antoine jusqu'à la pointe du bastion de l'Arsenal ; delà, après avoir environné Paris, il seroit venu aboutir à la Seine près Chaillot ; de sorte que ce canal environnant Paris, auroit eu par les deux extrémités des embouchures dans la Seine ; au moyen de deux écluses les bateaux y seroient descendus par les deux extrémités de Paris, et remontés de la Seine dans le canal.

Une des raisons qui avoient engagé à conduire ce canal jusqu'à la pointe de Belleville, c'est que non-seulement on trouvoit le niveau à cette hauteur dans un cours d'environ 50 milles, mais encore on avoit par ce moyen des eaux supérieures de 50 à 60 pieds au-dessus de la surface de la Seine, pour les reporter dans tous les quartiers de Paris. Après que ce canal auroit fait le tour de Paris, l'on auroit pu le continuer par la plaine qui est au nord, le faire passer par Saint-Denis et delà à Herbelay, du côté de Poissy, où il auroit eu son embouchure dans la Seine. Outre la communication de Paris à Saint-Denis, l'on auroit abrégé la navigation qui se fait aujourd'hui sur la Seine, de Paris à Poissy, par Saint Cloud, Saint-Denis et Saint-Germain-en-Laye....

Au sujet du canal de l'Ourcq à Paris, il y a eu divers projets présentés, entre-autre ce lui de MM. Mausé et Riquet, comme on a pu le voir d'après les détails que nous en avons donnés. Nous rapporterons une circonstance que nos lecteurs ignorent peut-être, et qu'ils seront charmés de connoître.

Un nommé Brulé, jadis employé à la charpente du pont d'Orléans, étoit devenu à Paris entrepreneur de bâtimens, il eût une femme, qui joint à la fortune qu'elle lui apporta, lui fit avoir de grandes protections, et par suite de grandes entreprises, au point qu'il s'étoit fait cinquante mille livres de rente.

Retiré du commerce, il imagina de tenter l'entreprise du canal de l'Ourcq, et à cet effet il fit faire des copies de projets qui avoient déja été présentés, et les soumit au conseil d'état du Roi; en 1787 il obtint un arrêt qui l'autorisa à faire l'ouverture de ce canal, mais comme à cette époque il avoit sans doute des motifs pour ne pas mettre son nom en évidence, ce fut sous le nom de Sebastien Job (qu'il avoit pris pour prête-nom).

Le sieur Brulé forma une compagnie pour l'exécution de ce canal, sous le nom de canal Royal de Paris, il s'aboucha avec MM. le duc de Chartres, le Coulteux, Cabarus, et le général Paoli.

Cette société devoit faire le versement de vingt millions, mais une contestation ayant eu lieu entre-eux et lui, sur ce que la compagnie proposa de nommer un ingénieur général, pour la direction des travaux à l'effet de balancer leurs intérêts avec ceux du sieur Brulé, (nommé directeur général et qui devoit avoir comme tel cinquante mille livres d'appointemens); proposition qui n'entroit point dans ses vues, car il vouloit se réserver à lui seul la direction des travaux ; la compagnie lui observa que voulant diriger seul les travaux, il pouvoit seul diriger l'entreprise; la société fut dissoute et le projet laissé.

En 1788, les états-généraux ayant été convoqués, le sieur Brulé représenta de nouveau son projet, mais il ne fut point accueilli; comme à cette époque l'aurore de la révolution faisoit déja suspendre tous les travaux des riches propriétaires, ce qui occasionnoit une multitude d'ouvriers sans occupation, Brulé sut profiter des circonstances, au point qu'il obtint l'assentiment et le vœu général des districts de Paris, et des municipalités des environs, pour son projet. L'assemblée nationale lui accorda, par un décret qui fut sanctionné par le roi, affiché et proclamé par toute la France, l'autorité nécessaire pour l'ouverture du canal; le décret fut motivé sur l'urgente nécessité de procurer de l'ouvrage à des milliers d'ouvriers; en effet il y en eût un si grand nombre, que l'on en comptoit plus de quarante mille réunis en ateliers de charité à raison de vingt sols par jour; jamais il ni eut d'époque plus favorable pour l'exécution de ce canal, mais l'on dépensa des sommes énormes et les ouvriers ne faisoient rien. Au-dessus de l'entrée des bureaux que le sieur Brulé avoit établis à la porte Saint-Martin, dans une maison attenante à l'ancien Opéra, on lisoit ces mots écrits en grosses lettres : *Administration générale du canal national de Paris.*

Il employoit pour lever ses plans et faire tous les ouvrages relatifs à son entreprise, une infinité de personnes de tous états et professions qu'il payoit avec des promesses; ne voulant jamais rien risquer du sien, il cherchoit par-tout des bailleurs de fonds; il expulsoit de chez lui, après s'être approprié leurs ouvrages, tous les artistes qu'il occupoit: fatigués de cette conduite, nombre d'entre-eux se révoltèrent contre lui, il reçut jusqu'à cinquante assignations dans un jour; par ce moyen les tribunaux apprirent que le sieur Brulé se disant auteur et propriétaire du projet du canal de Paris, employoit une infinité d'artistes qu'il payoit en leur promettant les premières places dans son entreprise; il perdit tout son crédit et fut obligé de renoncer à son projet, le décret rendu en sa faveur devint nul et sans effet.

Le sieur Brulé a, soi-disant, vendu ses droits à un nommé Sollage, lequel devoit se charger de faire exécuter le projet sans qu'il en coutât rien au gouvernement; il paroit en effet, d'après le rapport du cit. Gauthey, inspecteur général des ponts et chaussées, que le cit. Sollage a présenté ses plans au gouvernement, qu'ils ont été renvoyés à la vérification de l'administration des ponts et chaussées, mais que par suite les conditions du cit. Sollage n'ont pas été acceptées.

Ce fut le 29 floréal de l'an X, qu'un arrêté des consuls ordonna que les travaux de ce canal seroient exécutés par les ingénieurs des ponts et chaussées : l'on a pris pour bases le plan de l'ingénieur Bruyere, un impôt additionnel à été ordonné sur les octrois de Paris, pour fournir aux dépenses qu'entraîneront les travaux de ce canal; mais l'ouverture de ce canal, commencée sous la surveillance du préfet du département de la Seine, vient d'amener une contestation à l'égard de la direction de ce canal, entre l'administration des ponts et chaussées et l'ingénieur en chef Girard, qui veut suivre un plan tout autre que celui indiqué par le projet, et que l'administration, comme nos lecteurs ont pu le voir, d'après les extraits des mémoires des citoyens Gauthey et Girard, que nous leurs avons donnés dans nos cahiers précédens, paroît ne pas vouloir adopter.

Nous avons cru satisfaire nos abonnés, en faisant graver la carte géographique de ce canal, qu'ils trouveront ci jointe, avec les indications nécessaires.

Tableau explicatif du plan géographique du canal de l'Ourcq à Paris.

Le premier plan de ce canal, comme on a dû le voir dans le détail que nous venons de donner, devoit prendre son embranchement au-dessous de Lizy, à la jonction de l'Ourcq et de la Marne, et tomber à Paris au bastion de l'Arsenal. Depuis divers projets dont nous avons parlé, l'on a remarqué qu'il seroit nécessaire que ce canal eut sa prise au-dessous de Mareuil à la rivière d'Ourcq, pour avoir une pente plus considérable, à l'effet d'amener les eaux à une certaine hauteur à l'entrée des faubourgs de Paris, et de leur donner un écoulement plus rapide. Ce canal réunit deux avantages, celui de donner de l'eau aux fontaines de Paris dans la partie du nord, et celui de raccourcir la navigation de plus de moitié, depuis Lizy, Meaux, la Ferté-sous-Jouare, ainsi qu'on peut le voir au plan tracé sur la carte ci-jointe.

L'on doit remarquer : 1°. Que ce canal doit prendre des eaux de la rivière d'Ourcq, entre Crouy et Mareuil, ensuite venant du côté de Paris, prendre plusieurs petites rivières également tracées sur la carte, passer près de Lizy où il doit former un embranchement dans la Marne, cotoyer ses bords, prendre la rivière de Terrouenne, passer à Crégy près Meaux, à Claye, dans les bois de Clichy, Saint-Denis, et arriver dans un grand bassin qui doit être formé entre la Villette et la Chapelle (1). Ce bassin doit contenir assez d'eau pour alimenter les fontaines dont nous avons parlé plus haut, et fournir à la prolongation du canal jusqu'à la Seine par les fossés de l'Arsenal.

De ce même bassin cotté B à la carte, doit partir un autre embranchement de canal qui doit passer à Saint-Denis, à la vallée de l'étang de Montmorency, dans les bois de Pierrelet, pour là former un point de partage en deux branches, l'une pour tomber à Pontoise dans l'Oise, et l'autre à Conflans-Sainte-Honorine, dans la Seine, à l'embouchure de l'Oise ; ce qui évitera les circuits immenses que la Seine fait depuis cet endroit jusqu'à Paris, que l'on voit sur la carte ci-jointe.

3°. Un autre bassin doit, dit-on, être formé à la porte Saint-Antoine, sur l'emplacement de la Bastille ; il doit servir de garre et de port pour ce quartier.

4°. Un embranchement et un bassin doivent être formés de Saint-Denis à la Seine en retour d'équerre, au moyen de la petite rivière qui passe à cet endroit ; ce qui donnera la facilité de faire un port et une garre audit lieu.

5°. Pour démontrer la ligne de démarcation de ce canal tracée par le cit. Girard, ingénieur en chef, depuis la Villette jusqu'à Ville-Parisis, qu'il exécute maintenant, *et qui fait la contestation entre lui et l'administration des ponts et chaussées*, nous avons figuré le canal en entier, tel qu'il avoit été précédemment arrêté pour être exécuté, et nous avons ponctués par deux traits la ligne tracée par le cit. Girard, cottée depuis C jusqu'à D, passant entre la vraie ligne du canal et la grande route.

6°. Nous avons également ponctué une ligne d'un seul trait, depuis A jusqu'à B, joignant le grand bassin de la Villette jusqu'à la Seine, traversant le faubourg Saint-Honoré et le bout des Champs-Élysées, pour démontrer qu'il seroit utile de faire un autre embranchement de canal dans cette direction, dudit bassin à la Seine au-dessous de Chaillot ; ce qui donneroit la facilité de faire de ce côté un port et une garre pour les bateaux, nécessaires également pour ce quartier. Enfin, il est à désirer que tout s'arrange pour que ce canal soit achevé, car il sera la source d'une puissante richesse, davantages et d'agrémens infinis pour la ville de Paris et les environs. Il faut espérer qu'on saura également y admettre des ingénieurs et des entrepreneurs capables d'exécuter les plans qui seront adoptés.

(1). Suivant le projet actuel, ce bassin doit être formé entre la barrière de Pantin et la Villette, c'est-à-dire entre la route de Meaux et celle de Damartin, près Paris.

Nota. Toutes lettres, paquets ou avis qui ont rapport à cet ouvrage, doivent maintenant être adressés directement et francs de port au Directeur du RECUEIL POLITECHNIQUE, *rue Bardubec*, No. 2, *au Marais*, où l'on trouve la Collection complette des Cahiers qui ont parû jusqu'à ce jour.

Ainsi que chez GŒURY. Libraire, *quai des Augustins*, No. 47.

DE SEINE, *palais du Tribunat.*

GIRARD, *au Carousel*, *Café d'Apollon.*

Et DELAVILLE, marchand Papetier, *rue de la Monnoie*, No. 15.

Chez lesquels on trouve également l'ALMANACH DES CONSTRUCTIONS.

Carte Géographique du Canal de l'Ourcq,
depuis Lisy jusqu'à Paris.

Commencé en 1676 par M. de Manse. Continué par le même avec M. Riquet en 1677. Suspendu par la mort de ses deux premiers Auteurs et du Gd Colbert. Arrêt du Conseil du Roi, rendu en 1787 au profit de Sébastien Job, pour l'ouverture de ce même Canal, qui n'a point eu d'exécution. Décret de l'Assemblée Constituante, en 1790, pour le même objet, aussi sans exécution. Loi du Corps Législatif, en l'An 10, qui ordonne la reprise des travaux qui s'exécutent maintenant, sous la direction des Ingénieurs des Ponts et Chaussées, suivant divers arrêtés des Consuls.

Réduite et Gravée d'après le Dessin de M.B.A.H. Artiste en cette partie, An 11. de la République Française.

Echelle de 10000 Mètres.

Echelle de 10000 Toises.

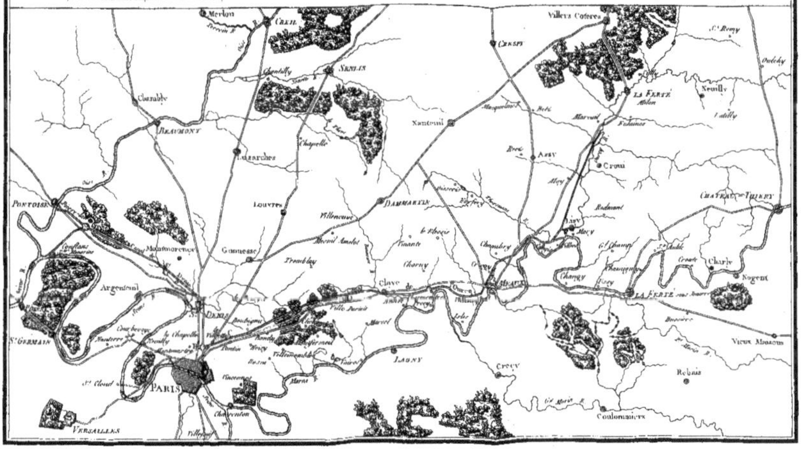

RECUEIL POLYTECHNIQUE

DES

PONTS ET CHAUSSÉES,

Canaux de Navigation, Ports Maritimes, Agriculture, Desséchement des Marais, Manufactures, Arts mécaniques,

ET

DES CONSTRUCTIONS CIVILES DE FRANCE EN GÉNÉRAL.

DÉDIÉ

Aux Ingénieurs, Architectes, Entrepreneurs, Constructeurs, Agriculteurs, Directeurs de manufactures et à tous les amis des Arts et du Commerce.

Ier. CAHIER DE L'AN XII,

CORRESPONDANT AUX ANNÉES 1803 et 1804.

DÉTAIL DES FONDS

Assignés pour les travaux des ponts et chaussées de l'an XII de la République française, par le trésor public.

ACTES DU GOUVERNEMENT.

Saint-Cloud, le 23 fructidor an 11.

LE gouvernement de la République arrête :

Art. Ier. Il sera employé une somme de 15 millions en l'an 12, pour les travaux extraordinaires des ponts et chaussées, non compris ce qui sera accordé pour l'extraordinaire des routes, dont les travaux à faire seront fixés dans le courant du mois de vendémiaire, sur les états qui seront remis de ce qui a été fait en l'an 11, de ce qui reste à faire et des fonds qui restent disponibles.

II. Cette somme de 15 millions sera distribuée de la manière suivante, savoir :

1°. Travaux des routes du Simplon, du Mont-Cénis, du Mont-Genèvre et de Vintimille, deux millions, ci.......... 2,000,000.

2°. Travaux des grands ponts, un million, ci.......... 1,000,000.

3°. Travaux des quais Bonaparte et Desaix, cinq cent mille francs, ci.......... 500,000.

(*Nota.* ce qui sera avancé pour ce dernier quai, sera remboursé par la commune de Paris).

4°. Creusement et réparations des canaux de la Belgique, cinq cent mille francs, ci.......... 500,000.

5°. Dessèchement des marais du Cotentin, cinq cent mille francs, ci.......... 500,000.

6°. Desséchement des marais de Rochefort, un million, ci... 1,000,000.

7°. Navigation intérieure, deux millions cinq cent mille francs, ci.......... 2,500,000.

8°. Ports maritimes, trois millions, ci.......... 3,000,000.

9°. Travaux du canal de Saint-Quentin, deux millions, ci.. 2,000,000.

10°. Travaux du canal d'Arles, cinq cent mille francs, ci.. 500,000.

11°. Travaux du canal pour joindre la Villaine à la Rance, cinq cent mille francs, ci.......... 500,000.

12°. Travaux du canal entre Dijon et Dôle, cinq cent mille francs, ci.......... 500,000.

13°. Travaux du canal de Blavet, cinq cent mille francs, ci.. 500,000.

Total.......... 15,000,000.

III. Le ministre de l'intérieur remettra, vendredi prochain, le projet de distribution de ces fonds entre les différentes localités.

IV. Les ministres de l'intérieur et du trésor public, sont chargés de l'exécution du présent arrêté.

Le premier Consul, signé *Bonaparte.*
Par le Premier Consul,
Le secrétaire d'état, signé, *H. B. Maret.*

Répartition de deux millions, destinés pour l'an XII aux travaux des quatre routes neuves, ouvertes dans les Alpes.

Continuation des travaux de la route du Simplon, dans toute son étendue, entre Saint-Laurent, dans le Jura, et Algoby, dans le Valais.......... 700,000 fr.

Du Mont-Cénis.......... 700,000.

Du Mont-Genèvre, dans toute son étendue, entre le Pont-Saint-Esprit et Suze.......... 300,000.

De Nice à Vintimille.......... 100,000.

Fonds en réserve.......... 200,000.

Total.......... 2,000,000 fr.

Répartition de la somme d'un million, destinée pour l'an XII aux constructions et réparations des grands ponts de la République. (Arrêté du 23 fructidor an 11).

Alpes-Maritimes. Pont du Var	20,000 fr.
Ardennes. Pour commencer la construction du pont de Givet, indépendamment de quarante mille fr. accordés sur l'an 11, par arrêté du 21 thermidor an 11	24,000.
Cher. Pont de la Charité et autres	20,000.
Côte-d'Or. Pont-aux-chèvres, route de Paris à Lyon	25,000.
Drôme. Pont sur le Roubeau, à Montelimart, 20,000 fr. Pont sur l'Isère (ce pont sera terminé en l'an 13), 100,000 francs, ci	120,000.
Eure. Pont d'Engonville, 10000 fr. Pont de l'Arche, 10,000 francs, ci	20,000.
Indre-et-Loire. Pont de Tours	100,000.
Landes. Pont d'Aire, 10,000 fr. Pont de Saint-Sever, 10,000 fr. ci	20,000.
Loir-et-Cher. Pont de Blois	30,000.
Loire. Pont de Roanne	40,000.
Loire (Haute). Pont de Vieille-Brioude	30,000.
Loire-Inférieure. Pont de Nantes	60,000.
Maine-et-Loire. Pont de Cé, 30,000 fr. Pont d'Angers, 10,000 fr. Pont de Baugé, 5000 fr. ci	45,000.
Marne (Haute). Pont de Joinville	15,000.
Nièvre. Pont de Cosne	10,000.
Pyrénées (Basses). Pont de Sauveterre et autres	10,000.
Pyrénées (Hautes). Pont de Hiellardère	10,000.
Rhin (Bas). Pour continuer le pont de Strasbourg à Kehl.	50,000.
Saône-et-Loire. Pont de Châlons	6000.
Seine. Ponts de Paris, Sèvres, Saint-Cloud, Neuilly, Saint-Maur et Charenton	50,000.
Seine-Inférieure. Pont de Rouen	2000.
Seine et Marne. Pont de Nemours	60,000.
Vaucluse. Pont de la Durance, à Bompas, 100,000 fr. Pont d'Avignon (des actionnaires se sont réunis pour le construire), ci.	100,000.
Yonne. Pont de Saint-Florentin	20,000.
Fonds en réserve	100,000.
Total	1,000,000 fr.

Nota. Il a été appliqué 56,000 fr. des fonds de l'an 11 au pont de la Bidassoa.

Répartition de la somme de cinq cent mille fr. destinée pour l'an XII aux travaux des quais Bonaparte et Desaix. (Arrêté du 23 fruct. an 11).

Pour terminer le quai Bonaparte	300,000 fr.
Pour terminer le quai Desaix	200,000.
Total	500,000 fr.

Répartition de la somme de cinq cent mille francs, destinée pour l'an XII aux creusement et réparations des canaux de la Belgique. (Arrêté du 23 fructidor an 11).

Cette répartition sera faite entre les départemens du Pas-de-Calais, du Nord, de la Lys et de l'Escaut, après l'emploi des fonds extraordinaires accordés sur l'an 11, époque à laquelle la proportion des besoins sera connue.............. 500,000 fr.

Répartition du fonds de deux millions cinq cent mille francs, accordé pour la navigation intérieure de l'extraordinaire an XII. (Arrêté du gouvernement du 23 fructidor an 11).

Ain. Le Rhône, port de la Balme.................. 10,000 fr.
Aisne. (L'octroi de la navigation est rétabli).
Allier. (Idem.).
Alpes (Hautes.) Bords de la Durance.................. 15,000.
Ardèche. Rhône, bacs.................. 5,000.
Ardennes. La Meuse, les écluses, le canal de Sédan..... 40,000.
Aube. Ecluse d'Anglure et de Plancy, approvisionnement des bois pour Paris.................. 50,000.
Bouches-du-Rhône. Charges, canaux.................. 4,000.
Calvados. Quais de Caen.................. 35,000.
Charente. Extension de la navigation de la Charente..... 150,000.
Charente-Inférieure. Rivières de la Charente, de la Boutonne de la Sendre, 120,000 fr. Digues de l'isle de Rhé, 100,000 fr. ci.................. 220,000.
Cher. Levées de la Loire.................. 30,000.
Corrèze. La Dordogne.................. 4,000.
Dordogne. Escarpement de Rochers dans la Dordogne..... 10,000.
Drôme. Quais de Valence, encaissement de la Drôme..... 30,000.
Escaut. Supplément pour le Polder-Marguerite et autres travaux de navigation, indépendant d'un fonds extraordinaire (arrêtés des 19 messidor, 7 thermidor et 23 fructidor an 11)..... 120,000.
Eure. Rivière d'Iton, la Lane.................. 15,000.
Forêts. Escarpemens de rochers dans la Moselle.......... 5,000.
Gard. Digues du Rhône.................. 20,000.
Garonne (Haute). La Garonne, le Tarn, l'Arriège..... 15,000.
Gironde. Demi-droit de tonnage.
Hérault. Sur le produit actuel des canaux des étangs
Ille et Villaine. Ecluses.................. 20,000.
Indre et Loire. Levées de la Loire.................. 50,000.
Isère. Digues.................. 10,000.
Jemmappes. Sur l'octroi de navigation à établir.
Landes. Adour et Midouze.................. 10,000.

868,000 fr.

Ci-contre........	868,000 fr.
Loir-et-Cher. Levées de la Loire....................	40,000.
Loire-Inférieure. La rivière de Loire..................	10,000.
Loiret. Levées de la Loire...........................	50,000.
Lot. Continuation des écluses........................	50,000.
Lot-et-Garonne. Epis sur la Garonne.................	10,000.
Lys. Canaux et rivières, ponts-tournans, indépendamment d'un fonds extraordinaire (arrêtés du 19 messidor, 7 thermidor et 23 fructidor an 11)......................................	30,000.
Maine-et-Loire. Ecluses et levées de la Loire...........	40,000.
Manche. Digues de Quineville, digues et route de Querqueville...	60,000.
Marne. Octrois de navigation établis	
Mayenne. Ecluses de la Mayenne.....................	15,000.
Meurthe. Travaux sur la Moselle.....................	6,000.
Meuse. Travaux sur la Meuse.........................	4,000.
Meuse-Inférieure. Idem...............................	4,000.
Mont-Blanc. Digues du Rhône, épi sur le Guier.........	20,000.
Mont-Tonnerre. Sur l'octroi de navigation établi.	
Moselle. Répartition à la Moselle.....................	27,000.
Nèthes (Deux). Celles de la tête de Flandres............	5,000.
Nièvre. Bords de la Loire et de l'Allier..................	25,000.
Nord. Rivières et canaux, sur le fonds extraordinaire. (Arrêtés des 19 messidor, 7 thermidor et 23 fructidor an 11).	
Oise. Sur l'octroi de navigation établi.	
Ourthe. Travaux sur la Meuse, la Sambre et l'Ourthe....	25,000.
Pas-de-Calais. Rivières et canaux, sur un fonds extraordinaire. (Arrêtés des 19 messidor, 7 thermidor et 23 fructidor an 11).	
Pyrénées (Basses). Travaux sur l'Adour................	10,000.
Pyrénées-Orientales. Sur la rivière de Perpignan........	30,000.
Rhin (Bas). Digues et épis du Rhin...................	200,000.
Rhin (Haut). Idem. Défense du fort Mortier............	150,000.
Rhin-et Moselle. Sur l'octroi de navigation à établir.	
Rhône. La Saône, levée Pérache, défeuse de Condrieux....	30,000.
Roër. Sur l'octroi de navigation établi	
Sambre-et-Meuse. Travaux sur les deux rivières, écluses..	20,000.
Saône-et-Loire. Levée, hallage sur la Saône et sur la Loire...	15,000.
Sarthe. Ecluses, entretien............................	30,000.
Seine. Octroi de navigation établi.	
Seine-Inférieure. Octroi de navigation et demi-droit de tonnage établis.	
Seine-et-Marne. Droit de navigation établi.	
Seine-et-Oise. Idem.	
Sèvres (Deux). Divers travaux........................	10,000.
Somme. Ecluse de Piquigny, chemin de halage, etc......	65,000.
Tarn. Ecluses de Lille et Rabastens....................	50,000.
	1,909,000 fr.

De l'autre part.... 1,909,000 fr.

Vaucluse. Secours pour les digues de la Durance et du Rhône. 40,000.
Vendée. Ile de Noirmoutier, canal de Luçon............ 30,000.
Vienne. Travaux divers, plans........................ 3,000.
Yonne. Grands réservoirs à construire pour augmenter le flottage des bois pour l'approvisionnement de Paris......... 123,000.
Fonds à laisser en réserve pour cas imprévus............ 400,000.

Total,............. 2,500,000 fr.

Répartition du fonds de trois millions, accordé pour les travaux des Ports maritimes de commerce, de l'exercice an XII. (Arrêté du gouvernement, du 23 fructidor an 11).

Deux-Nèthes. Anvers, le port a un fonds spécial, mais il faut pour préparer le balisage de l'Escaut................ 60,000.
Escaut. Port de l'Ecluse, Sas-de-Gand.................... 20,000.
Lys. Ostende, digues, jetées, bassin.................... 150,000.
Nord. Dunkerque, 130,000 fr. = Gravelines, digues et jetées, 80,000 fr. ci.................................. 210,000.
Pas-de-Calais. Calais................................. 100,000.
Somme. Ecluse et canal de Saint-Vallery................ 150,000.
Seine-Inférieure. Tréport, 15,000 fr. = Dieppe, 60,000 fr. = Saint-Valery en Caux, 30,000 fr. = Fécamp, 20,000 fr. = Le Havre, 600,000 fr. ci.................................. 725,000.
Eure. Quillebœuf...................................... 5,000.
Calvados. Honfleur, 120,000 fr. = A répartir aux autres ports, 30,000 fr. ci.................................... 150,000.
Manche. Granville..................................... 10,000.
Ille-et-Villaine. Port-Malo, Solidor..................... 20,000.
Côtes-du-Nord. A répartir entre les divers ports......... 50,000.
Finistère. Port Launay (demande du Préfet maritime de Brest), 32,000 fr. = A répartir entre les autres ports, 40,000 francs, ci.. 72,000.
Morbihan. Belle-Ile, 10,000 fr. = Lorient, 10,000 fr. = Aurai, 3000 fr. = Vannes, 10,000 fr. = Port Hallenguen, 50,000 fr. ci.. 83,000.
Loire-Inférieure. Croisic, 5000 fr. = Paimbœuf, 5000 fr. ci. 10,000.
Vendée. Port Saint-Gilles, 20,000 fr. = Sables d'Olonne, 30,000 fr. ci... 50,000.
Charente-Inférieure. Reconstructions à la Rochelle, 200,000 francs. = A l'Ile de Rhé, 10,000 fr. ci..................... 210,000.
Gironde. Bordeaux, sur le droit de tonnage. = Royan..... 30,000.
Pyrénées (Basses). Bayonne, 5000 fr. = Saint-Jean-de-Luz, 20,000 fr. ci... 25,000.

2,130,000 fr.

Ci-contre.......... 2,130,000 fr.

Hérault. Agde, 15,000 fr. = Cette, sur l'octroi des vins et eaux-de-vie, on propose néanmoins un supplément de 30,000 francs, ci..................................... 45,000.

Bouches-du-Rhône. Marseille, sur les droits de tonnage et de santé. = Il sera réparti entre les autres ports du département, 100,000 fr. ci.............................. 100,000.

Var. Les ports du département...................... 50,000.

Alpes-Maritimes. Nice............................ 150,000.

Golo. La Corse, Ajaccio, Bastia, l'Ile-Rouse, Lazaret..... 50,000.

Fonds laissés en réserve pour cas imprévus.............. 475,000.

Total............ 3,000,000.

Répartition de la somme de cinq cent mille francs, destinée pour l'an XII aux travaux du canal entre Dijon et Dôle. (Arrêté du 23 fructidor an 11).

Grand canal de Bourgogne, travaux entre Dijon et Saint-Jean-de-Lône, 240,000 fr. Construction de moulins sur le canal de Dôle, 60,000 fr. ci................................ 300,000 fr.

Canal du Rhône au Rhin, écluse, poste de Dôle, canal à la suite, 100,000 fr. Autres travaux, 100,000 fr. ci............ 200,000.

Total.............. 500,000.

Récapitulation des fonds extraordinaires accordés pour l'an XII, par l'arrêté du Gouvernement du 23 fructidor an XI.

Etat No. Ier. Travaux des quatre routes neuves ouvertes dans les Alpes.. 2,000,000 fr.

No. II. Travaux des grands ponts........................ 1,000,000.

No. III. Travaux des quais Bonaparte et Desaix......... 500,000.

No. IV. Creusement et Réparation des canaux de la Belgique. 2,500,000.

No. V. Navigation intérieure........................ 2,100,000.

No. VI. Ports maritimes............................ 3,000,000.

No. VII. Travaux du canal entre Dijon et Dôle ou du grand canal de Bourgogne, et celui du Rhône au Rhin........... 500,000.

Desséchement des marais du Cotentin.................. 500,000.

Desséchement des marais de Rochefort................ 1,000,000.

Travaux du canal de Saint-Quentin.................... 2,000,000.

Travaux du canal d'Arles............................ 500,000.

Travaux du canal pour joindre la Villaine à la Rance.... 500,000.

Travaux du canal de Blavet.......................... 500,000.

Total pareil à celui de l'arrêté......... 15,000,000.

Certifié conforme, le Secrétaire-d'Etat, signé *H. B. Maret.*

MOYENS

De garantir de l'inondation des eaux les plus belles contrées des terres propres à l'agriculture.

Nous avons promis, page 4 de notre plan général, de nous occuper sans relâche à recueillir tout ce qui peut intéresser l'agriculture, les arts et le commerce.

Pour satisfaire à notre promesse, nous allons parler du moyen de garantir les terrains fertiles des inondations auxquelles ils sont souvent exposés, faute de ruisseaux nécessaires à l'écoulement des eaux. Ce moyen, fort simple, coûterait peu à exécuter et produirait un rapport certain.

Il s'agirait de faire des rigoles ou fossés dans les plaines, creusés en suivant le cours de leurs pentes, pour donner aux eaux provenant des grandes pluies ou dégels, un écoulement facile, et de planter sur leurs bords des saules, des peupliers et autres bois qui croissent facilement sur un terrain aquatique. Ces plantations serrées, formeraient une espèce de clôture, maintiendraient les terres, donneraient de l'ombrage pour les bestiaux, et elles procureraient par ce moyen des herbages et un rapport incontestable. A l'appui de cette idée, nous soumettrons à nos lecteurs un rapport qui nous a été communiqué, et qui a pour objet de démontrer l'utilité des plantations en général.

Rapport fait par le citoyen d'Humieres, membre de la société d'agriculture de Paris, sur un Mémoire du citoyen Billet, concernant les haies de saules et de peupliers; lu à la séance du mercredi 20 brumaire an XI.

Citoyens, à votre dernière séance vous avez chargé les cit. Bergon, Allaire et moi de vous faire un rapport sur le Mémoire qui vous a été présenté par le cit. Billet, concernant les haies de saules et de peupliers. L'auteur, après avoir démontré les avantages des haies en général, s'attache à prouver qu'on doit donner la préférence à celles-ci : il fait voir l'économie de la première mise, puisqu'il n'emploie que des boutures, la rapidité de la croissance des plançons, la valeur du feuillage et du bois qu'ils procurent, enfin la solidité de la clôture; il l'envisage même comme un moyen de défense militaire : *Vous seriez encore royaume, disait-il à des nobles Polonais, chez lesquels il plantait, si vous aviez eu mes haies;* et ceux-ci, témoins de ses succès, l'appelaient *le Vauban rustique*. Mais pour ne pas sortir de notre sujet, donnons la manière dont il décrit sa plantation, que nous venons de lui voir exécuter d'abord à Cachan, chez notre collègue Cambry, dans une étendue de 4 toises, et quelques jours après, dans la pépinière nationale de Mousseaux, dans une longueur de 8 toises.

Il faut d'abord un fossé d'un pied de large, d'un pied de profondeur, puis avec une barre de fer ou de bois, terminée en pointe, il fait des trous de six pouces environ de profondeur et à cinq pouces de distance les uns des autres; il y enfonce une branche de cinq à six pieds de haut

et

et de trois ans, dont le bout est aiguisé de deux côtés seulement, le troisième, autant qu'il se peut, reste couvert de son écorce, pour faciliter la naissance des racines, il rabat la terre dans le fossé, tient sa plantation droite et ferme, avec des perches et des lattes posées en travers et nouées avec de l'osier, enfin il la défend avec des épines sèches. Il recommande de tenir en culture, pendant les trois premières années, les bords de la haie des deux côtés, en y plantant la pomme de terre, en y semant des haricots ou des navets, ou toute autre racine, et l'on est dédommagé par une récolte ou par la prompte vigueur de la haie nouvelle. Dans peu d'années les plançons grossissent, au point de se toucher, de se serrer, de se confondre dans plusieurs endroits, et cette haie ressemble alors à une muraille, mais à une muraille qui produit.

Personne n'ignore que les boutures de saule et de peuplier prennent avec facilité dans les terrains aquatiques; mais l'auteur assure avoir réussi avec sa méthode dans les terrains qui ne le sont pas : aussi les deux plantations de *Cachan* et de *Mousseaux* ont-elles été faites dans des terres plutôt sèches qu'humides. Si elles réussissent, elles détruiront le préjugé qui restreint cette espèce de clôture aux endroits de la terre aquatique; elles prouveront en outre qu'il y a assez d'humidité en cette saison, dans les sujets et dans la terre, quoiqu'éloignée de l'époque où la sève se met en mouvement.

Le cit. Allaire se propose de continuer cette plantation à la fin de l'hiver, pour établir une comparaison; par le même motif, il a essayé l'autre jour les boutures du peuplier de Virginie, du peuplier-noir de Suisse, du mixte, entre le tremble et le peuplier-noir du Canada, enfin du faux ébénier.

Ce Mémoire a déjà produit un bien, puisqu'il a déterminé à faire, ce qui devrait accompagner tous nos rapports, une expérience presque sous vos yeux ; nous espérons qu'il en fera un plus grand en tenant tout ce qu'il promet.

Nous vous proposons, Citoyens, d'attendre au printems, lorsque le développement des boutons annoncera le succès de la plantation, pour donner à l'auteur du Mémoire les éloges et les encouragemens qu'il paraît mériter à plus d'un titre. Nous ne discuterons pas si les haies d'acacia, de bois de Sainte-Lucie, des haies fructifères, enfin si le *salix arenosa* de Prusse ne mériteraient pas la préférence; notre objet est de faire sortir le saule et le peuplier du bord des eaux, de le planter dans des terrains élevés, où l'on ne croit pas d'ordinaire qu'il réussisse, et de l'employer à la clôture de pays qui ne sont peut-être restés ouverts jusqu'ici que par une suite de ce préjugé. L'auteur du Mémoire laisse aux cultivateurs à faire choix de leur plant, il se contente de leur mettre dans la main le saule que Caton préférait même à l'olivier, et le peuplier, utile à un grand nombre d'usages.

Nous finissons, en disant que toute haie qui ne donne pas beaucoup de bois est imparfaite, que tout arbre isolé qui ne sert pas en même tems à clorre, ne rend pas tout le service qu'on peut en attendre, et qu'ainsi l'on ne peut trop recommander la haie du cit. Billet, qui fournit à-la-fois l'abondance du bois et la perfection de la clôture.

Aux avantages que présente le Mémoire du cit. Billet, relativement aux plantations, nous ajouterons, en revenant à notre projet, qu'elles auraient celui de maintenir les terres sur les bords des rigoles et fossés que nous proposons de former dans ces contrées fertiles, inondées souvent faute de ruisseaux nécessaires à l'écoulement des eaux; par exemple, la ci-devant province de Beauce (aujourd'hui faisant partie des départemens de l'Eure et Loir, et Loiret), a plus que toute autre besoin de chercher des moyens pour prévenir les inondations qui surviennent presqu'annuellement dans ses vastes plaines, et qui ravagent ses plus belles récoltes : il n'est pas étonnant dans ce pays de parcourir une étendue de 7 à 8 lieues sans rencontrer un arbre ni un buisson.

Pour la formation des rigoles et fossés que nous proposons, nous croyons qu'il sera t nécessaire, pour lever tous obstacles, d'obliger par une loi ou réglement tous les propriétaires de faire, d'après le plan tracé par l'ingénieur des ponts et chaussées de chaque arrondissement, autour de leurs terres, des rigoles ou fossés, que l'on jugerait à propos de faire au milieu des plaines, pour faciliter l'écoulement des eaux, et planter sur leurs bords des saules, peupliers ou autres arbres qui croissent facilement, pour en maintenir les terres et former des ombrages aux prairies artificielles que son cours établira de chaque côté.

A l'égard du produit de ces plantations, il appartiendrait à la commune sur le territoire de laquelle elles seraient; c'est-à-dire, que chargées de leur entretien, ainsi que de celui des fossés ou rigoles, elle retirerait sur la vente qu'elle en ferait faire tous les ans, les sommes qu'elle aurait avancées, et partagerait le surplus entre les propriétaires, suivant l'étendue de leurs terrains.

NÉCROLOGIE.

Sur la vie de M. Chaumont de la Milliere, maître des requêtes.

Au moment où nous livrons ce cahier à l'impression, nous apprenons la mort du ci-devant intendant des ponts-et-chaussées, homme probe et juste, d'un caractère rare et précieux. Le *Publiciste* du 27 vendémiaire, présent mois, s'explique ainsi à son sujet :

Laus publica dulcissimum virtutis praemium, acerrimum virtutis incitamentum.

Nous avons annoncé, il y a deux jours, la mort de M. de la Milliere; mais nous devons à sa mémoire de donner quelqu'idée des vertus et des talens qui lui ont mérité pendant sa vie l'estime publique, et qui excitent aujourd'hui les regrets de tous ceux qui l'ont connu.

Louis - Antoine Chaumont de la Milliere, a été du très-petit nombre d'hommes publics qu'une conduite irréprochable, dans des circonstances difficiles, ait maintenu en possession de la considération qu'il s'était acquise autrefois dans des places distinguées. Cette considération, qu'il devait plus encore à son caractère qu'à ses talens reconnus pour l'administration, l'avait fait appeler, en 1788, au contrôle général, dont sortait alors M. de Calonne. Louis XVI, en le pressant d'accepter, lui dit qu'il l'avait choisi comme *le plus honnête homme de son royaume*. M. de la Milliere refusa la place, malgré des instances vives et réitérées, déterminé uniquement par un sentiment de modestie qui lui faisait craindre de ne pas remplir, aussi bien qu'il l'eût desiré, un poste alors le plus important de l'administration. Les mêmes propositions et les mêmes instances se renouvelèrent en 1790, et M. de la Millière eut alors besoin de tout le courage qu'il trouvait toujours dans des motifs respectables, pour résister aux desseins de son souverain, devenu malheureux; mais résolu de le servir jusqu'au dernier moment, il conserva la place d'intendant des finances, avec le département des ponts-et-chaussées, jusqu'au 11 août 1792; alors, perdant tout espoir de faire aucun bien, il donna sa démission. Il renonça dès cet instant aux affaires publiques. A l'assemblée des électeurs de Paris, en l'an V, il se vit appelé à la députation par le vœu de tous les honnêtes gens; mais il déclara hautement la ferme résolution où il était de ne pas accepter.

L'estime générale s'était trop fortement prononcée en sa faveur. On ne lui pardonna pas l'influence dont il aurait pu jouir, et peu de tems après le 18 fructidor, en revenant d'un voyage qu'il avait fait en Champagne, pour rétablir sa santé, il fut arrêté, sous prétexte d'émigration, quoiqu'il fût bien constant et bien notoire qu'il n'était jamais sorti de Paris que pour aller aux eaux du Mont-d'Or. Chacun des chefs du gouvernement en convenait; mais il était inscrit sur une liste d'émigrés; il fut traduit devant une commission militaire, et s'il échappa à la mort, il ne le dut qu'au cri public et aux soins actifs d'une amitié courageuse. La clémence du directoire se borna à le faire déporter. La ville de Riom, où il avait été en prison, se souviendra long-tems de ses malheurs et de ses vertus; son geolier l'a pleuré, lorsqu'il est parti pour subir sa déportation : c'était dans l'hiver rigoureux de 1798; il fut obligé de traverser l'Allemagne dans un charriot découvert, il fut gelé de la moitié de son corps, et ce fut le principe de la maladie qui a depuis rempli sa vie de souffrances, et en a avancé le terme.

Personne n'a pu le connaître sans l'aimer; on était irrésistiblement frappé de ce mélange de force et de sensibilité qui composait le caractère de cet homme de bien. Sa patience, sa bonté, sa simplicité lui gagnaient ceux dont la noblesse de son caractère lui attirait le respect; son indulgence rassurait ceux qu'eût intimidé l'exactitude de ses principes. La force de sa raison lui donnait, sans qu'il le voulût, un ascendant auquel ne pouvaient résister aucun de ceux qui l'approchaient, et qui jusques dans sa dernière prison, le rendait l'arbitre des différends qui s'élevaient autour de lui, le conseil de ses compagnon d'infortune, leur recours auprès de leur geolier, dont il avait adouci la sévérité, changé les opinions, et qui ne parle encore de lui qu'avec attendrissement et vénération, en l'appelant, comme avait fait Louis XVI, *le plus honnête homme de France.*

Il laisse dans la désolation une famille dont il était adoré, des amis qui perdent un guide éclairé et un ami aussi solide que tendre. Il s'est éteint dans l'âge de la force, au milieu de ceux dont le bonheur était attaché à son existence, dont tous les vœux demandaient pour lui une longue vie, que la force de son tempérament semblait lui promettre, et dont il eût joui sans les persécutions qui l'ont abrégée. C'est une des nombreuses et innocentes victimes d'une des plus désastreuses journées de notre révolution.

Si le gouvernement doit quelques témoignages de bienveillance, quelque reconnaissance même à l'intégrité d'un magistrat éclairé, et dont toute la France proclame les lumières, les services et la vertu, la famille de la Milliere ne peut manquer d'en obtenir les effets. Il laisse une femme et une famille dépouillées de leurs biens, par l'iniquité du Directoire. Sa mort ajoute une victime aux innombrables innocens, dépouillés ou assassinés par son régime atroce. Toute la France applaudirait un bienfait qui serait une justice, et qui viendrait soulager une veuve désolée.

CORVÉES ET COMMERCE.

Suite des observations à ce sujet.

Nous avons donné, dans le sixième et dernier cahier de l'an II, un essai de comparaison entre les taxes et les corvées, à l'occasion d'un ouvrage sur cette matière, publié par le cit. J. Kastener, ingénieur en chef des ponts-et-chaussées (1), et dont le cit. Jollivet, conseiller d'Etat, a ordonné l'impression. Ce sujet nous a paru si important dans les circonstances, que nous avons cru devoir y revenir d'une manière plus étendue, vu sur-tout cette ordonnance du conseiller d'Etat, qui, en même tems, *recommande aux conseils-généraux de département d'en faire l'un des principaux objets de leurs délibérations.*

Cette matière est traitée avec beaucoup de soin dans un ouvrage que l'on attribue à Duclos (2), secrétaire perpétuel de l'Académie française, et qui ne paraît pas avoir été inutile ou inconnu à l'auteur de l'ouvrage dont le cit. Jollivet a ordonné l'impression. Malgré quelques erreurs et quelques préjugés répandus dans l'ouvrage de Duclos, et aujourd'hui dissipés par l'expérience, il renferme néanmoins des vues très-saines sur cette matière, et nous croyons qu'on ne peut rien consulter de meilleur sur ce qui la concerne; il est animé du meilleur esprit de patriotisme et de bien public bien entendus, ce qui nous a convaincus que nous ferions une chose très-utile de répandre ses vues et ses idées, et qu'elle serait en même tems agréable à nos lecteurs, dont la plupart sont, par état, occupés de ces objets, et dont aucun sans doute n'est indifférent au bien de la patrie. Ces réflexions nous ont déterminés à donner une analyse de cet ouvrage, dont l'ancienneté, assez grande pour qu'il soit presque généralement oublié ou inconnu, lui donnera, avec l'air de la nouveauté, l'intérêt qu'elle ne manque jamais d'obtenir.

L'ouvrage de Duclos est divisé en trois parties; la première traite des

---

(1) Cet ingénieur, quoique jeune encore, a montré beaucoup de talens dans son art et y a obtenu des succès; il a annoncé des vues sages et une pénétration qui lui ont procuré un avancement aussi rapide que mérité. Il n'est pas le seul que le gouvernement peut distinguer ainsi, quoique le nombre en soit petit; mais l'avancement de ce petit nombre fait le désespoir de beaucoup d'autres, chez qui l'intrigue remplace le talent. Cette intrigue ne leur réussit pas toujours; mais lorsqu'elle a réussi à les porter à quelque grade, on les voit aussitôt indifférens au bien public, et beaucoup plus occupés des gros appointemens qu'ils reçoivent, en pure perte pour l'Etat et pour l'avancement des ouvrages de leurs départemens.

(2) Il est intitulé : Essai sur les Ponts-et-Chaussées, la Voirie et les Corvées, annoncé d'*Amsterdam*, an 1759.

hommes dont le travail fait et répare les chemins; la seconde traite des ouvrages qui concourent à cette double fin, et la troisième, du droit qui régit le tout. Les hommes et le droit sont changés, ce qui fera que nous nous arrêterons peu sur ces deux objets; mais les ouvrages qui étaient nécessaires alors, sont encore les mêmes aujourd'hui, et toujours également nécessaires. Nous donnerons donc à cette partie notre plus grande attention, ce qui sans doute lui fera par suite prendre une plus grande étendue, que nous tâcherons néanmoins de borner dans de justes mesures.

Première partie.

Des hommes employés aux chemins.

Duclos nous fait observer que les anciens peuples ne mettaient pas une grande importance à l'administration qui avait dans son ressort l'entretien des chemins publics. César se crut offensé, la première fois qu'il fut nommé Consul, de la proposition qui fut faite au Sénat d'ajouter cette direction aux autres fonctions de sa place; et à Thèbes, une faction jalouse du mérite d'Epaminondas et liguée pour l'humilier, comme il arrive toujours dans les gouvernemens populaires, lui ayant fait confier la charge des chemins, au lieu des premiers emplois de la République, qu'il avait droit d'attendre, donna lieu à cette belle réponse, qui peint si bien sa grande ame, en la vengeant de la petitesse de celles de ses ennemis: *Curabo*, dit-il alors, *ne tàm mihi delati ministerii obsit indignitas quàm ut illi mea dignitas prosit* (1).

Au reste, le dédain qu'avaient pour l'administration des chemins, les Grecs et les Romains, prenait sa source dans le souverain mépris qu'ils avaient pour le commerce (2). Il était tel, que chez eux les esclaves seuls et les affranchis s'en occupaient, et que Ciceron nous représente ceux des citoyens qui le professaient, à peine considérés comme tels: le droit romain confondait une femme qui avait boutique, avec les esclaves, les cabaretiers, les femmes de théâtre et les prostituées (3); et Ovide nous a conservé la prière que les marchands faisaient à une fontaine, lorsqu'ils allaient se purifier une fois l'an, de leurs fraudes journalières. Il est assez ordinaire de voir, dans tous les tems, les opinions une fois accréditées, non-seulement être partagées par le vulgaire, mais même par les gens éclairés, sages et instruits; le génie seul y échappe lorsqu'elles sont fausses, et rarement sans en conserver une teinture. Ici, ce n'est point une opinion fausse, c'est une opinion puisée à la source même de la vérité, et que l'expérience des siècles à consacrée. Qu'on parcoure l'histoire des peuples commerçans, elle ne présentera que des injustices, des pillages, des meurtres, des massacres et des forfaits. Quand la force, chez un individu, et plus encore chez un peuple, se joint à l'esprit mercantile, les atrocités

---

(1) *Petrarcha, lib. de opt. adm. Reip.* Bergier, histoire des chemins de l'Empire Romain, chap. 2.

(2) Esprit des Lois, liv. 21, chap. 14.

(3) *Ibid.*

les plus monstrueuses ne lui coûtent plus, et rien n'arrête sa cupidité effrénée. Carthage, dit Montesquieu (1), faisait noyer tous les étrangers qui trafiquaient en Sardaigne et jusqu'aux colonnes d'Hercule; elle défendit aux Sardes de cultiver la terre, sous peine de la vie, afin de leur vendre ses denrées. Hannon, dans le traité avec les Romains qui termina la première guerre Punique, déclara qu'il ne souffrirait pas qu'ils se lavassent les mains dans les mers de Sicile, et il ne leur fut pas permis d'y trafiquer, ni en Sardaigne, ni en Afrique, sinon à Carthage même, ce qui fait voir, dit Montesquieu, que le commerce qu'on leur y préparait n'était pas bien avantageux. De nos jours n'avons-nous pas vu renouveller tous ces forfaits et toutes ces prétentions excessives. Personne n'ignore que des millions d'Indiens ont été horriblement sacrifiés à l'établissement de la puissance commerciale des Anglais dans leur malheureux pays et à son affermissement : ce sont des Anglais même qui, révoltés de ces injustices criantes et de ces persécutions atroces de l'avidité commerciale, nous en ont révélé tous les affreux détails. Lord Chatam n'a-t-il pas déclaré dans le parlement anglais, qu'il ne devait pas être tiré un coup de canon sur l'Océan, sans la permission de l'Angleterre? Et son fils, aujourd'hui, ne prétend-il pas établir le même droit des gens sur la Méditerranée?

Montesquieu dit que le commerce corrompt les mœurs pures; et que c'était le sujet des plaintes de Platon : il ajoute que César dit des Gaulois: « Que le voisinage et le commerce de Marseille les avait gâtés, de façon » qu'eux qui avaient vaincu les Germains, leur étaient devenus inférieurs. » Nous voyons, dit-il, que dans les pays où l'on est animé de l'esprit de » commerce, on trafique de toutes les vertus morales; les plus petites » choses, celles que l'humanité reclame ne s'y font ou ne s'y donnent » que pour de l'argent ». Ainsi en Hollande, si on demande le chemin, il faut payer pour qu'on vous l'indique; si on a besoin de feu, on n'en a que pour de l'argent. Qu'eût dit Montesquieu, s'il eût vu de nos jours en Angleterre, dans la plus haute classe, un lord requérir dernièrement en justice réglée, le prix de son deshonneur, et ce prix prononcé très-médiocre par le tribunal, parce que les plaintes portées par ce lord contre sa femme, étaient compensées par des sujets de plainte semblables contre lui, et qui furent jugées légitimes? Sans doute, l'honneur français se fût révolté chez lui à cette idée; car on n'eût pas voulu alors divulguer chez nous de pareilles infamies, au prix de tous les trésors imaginables, bien loin d'en faire retentir les tribunaux. Une délicatesse de sentimens ne permettait pas même en France de traduire en justice un domestique voleur, et il ne fallait rien moins que l'esprit du commerce et son avidité sordide, joints chez les Anglais à l'usage du divorce, pour rendre communes et usuelles de pareilles causes, en étouffer l'horreur par le fréquent tableau d'aventures scandaleuses, qui souvent présentées ainsi devant les tribunaux, doivent finir par y accoutumer le public et y conformer ses mœurs. Mais combien en est flétrie cette délicatesse exquise de sentimens et d'honneur, qui jusqu'ici composaient l'esprit public des Français, non-seulement dans les hautes classes, mais même dans les moins élevées?

(1) Esprit des Lois, liv. 21, chap. 11.

Cependant le commerce ne resta pas toujours entaché au même point de ces principes dévastateurs ; s'ils ne marcha pas dans la route la plus régulière, il perdit du moins une bonne partie de son irrégularité. Les nations en se civilisant le civilisèrent lui-même, en lui imposant des règles ; et comme il fut souvent la cause de leurs guerres entr'elles, ces règles entrèrent dans les traités qui terminaient ces guerres et composèrent à la fin un droit des gens, qui fut toujours sensiblement modifié par le plus fort, mais au moins qui put toujours être réclamé et qui ne le fut pas toujours impunément quand les règles avaient été violées. On cessa alors d'avoir pour le commerce la même aversion et la même horreur ; il sortit même entièrement du mépris dont il avait été couvert originairement, car plusieurs peuples, dont la position sur des côtes maritimes les portaient au commerce, ou même les y obligeaient en quelque sorte par leur stérilité, ayant acquis avec de grandes richesses beaucoup de puissance et de considération, firent ouvrir les yeux à ceux qui jusqu'alors n'en avaient fait aucun cas : c'est ainsi qu'on vit les Phéniciens d'abord, les Tyriens, les Rhodiens, les Corinthiens, les Carthaginois, puis les Vénitiens, les Portugais, les Espagnols, les Hollandais et enfin les Anglais, accumuler par le commerce des richesses immenses, et par ces richesses acquérir une force, une puissance et une domination telles que ne l'eussent jamais comportée l'étendue seule de leur territoire et la médiocrité de leur population. Si deux fois toute la puissance Romaine fut balancée, une fois par Carthage et une fois par les Rois de Pont, ce fut le commerce qui eut cette gloire, et il eût même eu celle de la renverser, si les fautes des individus et des vices dans les institutions de ces deux gouvernemens ne les eussent empêché de tirer parti de tous leurs moyens et de déployer avec ensemble toutes les forces réelles que le commerce avait mis dans leurs mains.

Ces événemens firent au moins juger que le commerce n'était pas autant à mépriser qu'on l'avait cru, puisque des peuples, avec un territoire peu fertile et peu étendu, avec une population très-peu nombreuse, ayant l'empire des mers et du commerce, avaient en quelque sorte tenu en même tems le sceptre de l'Univers. De là, cette maxime de Raynal : *Qui est maître de l'eau, est maître de la terre* ; et ce vers d'un de nos poëtes, qui le regardait comme la merveille du siècle :

« Le trident de Neptune est le sceptre du monde ».

Et celui de l'abbé Delille, parlant de la Tamise :

« Toi, dont l'urne orgueilleuse est l'urne du Destin ».

Nous avons appelé de ces décisions du Jésuite défroqué et de ces arrêts du Parnasse ; mais l'utilité du commerce n'en restera pas moins constante pour un grand empire, agricole en même tems et maritime comme la France. Sans le commerce, l'agriculture languirait faute de débouchés pour ses produits : combien même n'a-t-on pas éprouvé de famines dans des lieux assez voisins de l'abondance, parce que le commerce n'ayant ni routes, ni canaux, ne pouvait s'en saisir et procurer en même tems l'avantage des agriculteurs et des consommateurs dans le besoin, vu que dans ces circonstances le transport en devenait impossible.

C'est ce qui nous a entraînés dans cette digression, où Duclos nous a jetés lui-même, et que nous ne croyons pas inutile : nous revenons à son ouvrage.

I. Il nous apprend que les vues du commerce n'entraient pour rien chez les Romains, dans la construction de ces voies fameuses que nous admirons encore aujourd'hui, dont celles qui étaient aux abords de Rome semblaient destinées uniquement à annoncer la majesté de l'Empire, et celles qui étaient plus éloignées, pour transporter avec facilité et célérité les armées que sa défense et son étendue mettaient continuellement dans la nécessité d'employer à des distances considérables; aussi ces voies célèbres étaient elles appelées *voies militaires*; et la charge municipale d'Edile curule qui avait ce département, était toujours remplie par des Patriciens et était regardée comme militaire, d'autant mieux que le soin d'approvisionner les armées leur était également confié.

Nous avons pris à ce sujet des vues plus saines : nous avons considéré le commerce comme un des nerfs de l'État, comme un point essentiel et des plus dignes d'occuper le Gouvernement, et comme un encouragement nécessaire à l'agriculture et à la fécondité de notre sol; nous le regardons comme le soutien le plus ferme d'un grand empire, et nous nous faisons une maxime capitale du devoir de le protéger, de le favoriser, de l'étendre et de l'augmenter. Aussi compte-t-on parmi nous comme une des plus importantes magistratures, celle qui a la direction des moyens qui tendent plus particulièrement à ce but. L'agriculture et le commerce sont regardés en France comme deux branches nourricières de l'Etat et ses deux fondemens les plus inébranlables. Un de nos plus grands ministres et des plus habiles administrateurs, Sully, fut le premier qui jeta sur cet objet ses vues éclairées, et Henri IV créa pour lui la charge de Grand-Voyer, dont les fonctions sont toujours restées depuis dans les attributs du Contrôleur-général.

Il était assez naturel que ce magistrat fût chargé de cette partie; car les dépenses étant toujours considérables et quelquefois énormes, il eût été dangereux de former des projets si dispendieux et de les mettre à exécution, avant que celui qui seul pouvait avoir le secret de la situation du trésor public, pût combiner la dépense de ces projets avec cette situation, et juger si elle ne les rendait pas impraticables.

(*La suite à un autre cahier*).

Cet Ouvrage se livre aux Souscripteurs par cahier, tous les mois, disposés à former un volume tous les ans, avec quatre gravures des monumens les plus intéressans, exécutés ou projetés, choisis dans les divers manuscrits qui ont été présentés dans le courant de l'année par les divers auteurs et amateurs. Les entrepreneurs de ce Recueil reçoivent tous les Plans et Mémoires qui leur sont adressés par les Autorités constituées ou particulières, dont ils croyent la publicité utile au bien général du commerce. On fait graver et imprimer tous les objets qui sont reconnus être dans ce cas, avec remise de plusieurs exemplaires à leurs auteurs, en y joignant leurs noms, s'ils le jugent convenable. — On peut s'en procurer la collection en s'adressant par écrit, franc de port, au citoyen Gœury, *libraire, quai des Augustins, n°. 47; au citoyen* Delaville, *rue de la Monnaie, n°. 15;* Desenne, *libraire, palais du Tribunat, et chez tous les correspondans des départemens qui sont indiqués dans les chefs-lieux, le tout pour remettre au* directeur du Recueil Polytechnique, *à Paris, moyennant 15 francs par an, chez le cit.* Gœury, *ci-dessus nommé.*

IIme. CAHIER DE L'AN XII,

DU RECUEIL POLYTECHNIQUE DES PONTS ET CHAUSSÉES, ET DES CONSTRUCTIONS CIVILES DE FRANCE.

CANAL DE L'OURCQ.

Analyse de la Lettre du citoyen Gauthey, inspecteur-général des ponts-et-chaussées, au Préfet du département de la Seine, sur la manière dont les travaux de ce canal ont été commencés, et continués jusqu'à ce jour, et le moyen de remédier aux erreurs qui ont été commises à ce sujet.

Nous avons déjà parlé plusieurs fois du canal de l'Ourcq; nous avons annoncé les difficultés qu'il avait fait naître et les démêlés qu'il avait occasionnés; nous avons rendu à chacun la part de ce qui nous a paru lui convenir, en partant des données qui nous étaient fournies de part ou d'autre, et qui n'étaient point contestées. Mais plusieurs faits inconnus, plusieurs circonstances ignorées viennent d'être révélées au public, dans une Lettre au Préfet du département de la Seine, au sujet des travaux de la dérivation de la rivière d'Ourcq, par le cit. Gauthey, inspecteur-général des ponts-et-chaussées : cette lettre met l'affaire dans tout son jour et ne laisse plus rien à desirer.

Elle nous apprend que les règles de l'administration des ponts-et-chaussées sont, qu'un ingénieur ne peut faire exécuter aucun projet, qu'après qu'il aura été examiné par l'assemblée et approuvé par le conseiller d'État chargé spécialement de cette partie. Cette règle est de la plus haute sagesse; car personne n'ignore que les terrassemens sont des ouvrages si dispendieux, qu'ils ruinent presque toujours les plus riches particuliers, et que de puissans souverains, effrayés de leur énormité, ont souvent suspendu des projets d'ouvrages commandés par le bien public et par l'utilité la plus évidente et le mieux reconnue. Il est donc très-prudent que des projets de ce genre, pouvant obérer même de grands Etats, ou entraîner, souvent en pure perte, des dépenses énormes, soient, préalablement à leur exécution, éclairés et jugés par des sages, vieillis dans la pratique de travaux du même genre, et consommés dans l'étude de leur théorie. Une instruction du conseiller d'Etat, approuvée du ministre de l'intérieur le 25 fructidor an 10, avait confirmé cette règle pour le canal de l'Ourcq, et en avait rendu l'obligation plus étroite pour l'ingénieur en chef.

Qu'est-il arrivé néanmoins? l'ingénieur en chef n'a point fait approuver

P

son projet par l'assemblée, il l'a mis même à exécution, malgré son improbation manifestée d'une voix unanime et consignée dans ses registres. De plus, pour entraver et suspendre l'effet de ses délibérations sur ce projet, et lui interdire tout examen, il a déclaré que soit que l'assemblée l'approuvât ou non, il avait ordre de faire travailler toujours avec activité, et que, tel était l'intérêt mis par le Premier Consul aux progrès de cet ouvrage, que l'assemblée se compromettrait si elle mettait le moindre retard à l'exécution, telle qu'elle avait été entreprise.

Nous savons parfaitement où l'on peut trouver consignées par *écrit*, les règles qui étaient celles de la sagesse et du bon sens, avant d'être celles des ponts-et-chaussées, et qui prescrivaient à l'ingénieur en chef de n'entreprendre l'exécution de son plan, que muni et autorisé par l'approbation de l'assemblée; mais nous ignorons complètement où sont également consignés les ordres reçus par le cit. Girard de travailler sans cette approbation, et jusqu'ici ils ne sont pour nous que des *paroles*. Cependant il nous semble que la chose est ici de la plus haute importance, non-seulement pour l'état dont elle emploie des sommes considérables, et qui, faute d'approbation, peuvent être employées en pure perte, au détriment du trésor public, mais encore pour le cit. Girard lui-même, dont elle peut compromettre la considération, la fortune et la liberté même.

Il faut, pour l'emploi des deniers publics, *une volonté publique;* tout emploi des deniers publics, par une volonté particulière, est dilapidation: or, dans l'entreprise du canal de l'Ourcq, les deniers publics ont-ils été employés par une volonté publique? tout nous paraît démontrer le contraire. Qu'est-ce qui constitue et déclare la volonté publique dans la matière dont il s'agit ici? c'est l'approbation des pouvoirs publics, émanée dans les différens degrés de la hiérarchie qui les compose, et sanctionnée par le premier de tous.

Le Gouvernement ordonne une entreprise, il veut qu'elle soit faite suivant la loi; quand il ne l'eût pas exprimé, on ne saurait supposer autre chose. La règle ici est que le ministre transmette les ordres du Gouvernement au conseiller d'Etat chargé de cette partie, avec commission de présenter un plan approuvé par le corps des ponts-et-chaussées assemblé; ce n'est point ici une précaution de sa sagesse, c'est un devoir de sa place: le plan ainsi approuvé par l'administration des ponts-et-chaussée, est remis au même conseiller d'État et par lui au ministre, avec un rapport contenant son approbation ou son improbation. Toutes ces formes sont nécessaires; car elles sont conservatrices de la fortune publique et de la propriété des particuliers, qui sans cela seraient livrées au premier étourdi ou au premier intrigant qui saurait donner des apparences spécieuses aux projets les plus extravagans.

Lorsqu'elles ont été observées, le Gouvernement prononce l'exécution ou l'inexécution; voilà *la volonté publique*. Si le ministre lui-même transmettait, pour être exécutés, des ordres qui n'eussent pas passé dans cette filière de la hiérarchie des pouvoirs, ces ordres seraient irréguliers; ils ne seraient pas la volonté publique, ils seraient sa volonté particulière et le constitueraient en responsabilité personnelle; ils donneraient même ouverture à l'action du ministère public, dont l'œil toujours ouvert sur l'inobservation des lois, ne manquerait pas de lui en faire apercevoir ici la violation, d'exciter et d'exercer son zèle, en lui faisant traduire le violateur devant les tribunaux.

La conduite de l'ingénieur en chef de l'Ourcq, dans un degré inférieur, a pris ici le même caractère d'irrégularité. Il a été chargé par l'art. VII de l'arrêté des Consuls du 25 thermidor an X, de l'exécution de ce canal, *d'après les plans et devis joints*. Une instruction, approuvée du ministre de l'intérieur le même jour 25 thermidor, lui enjoint, dans la surveillance des travaux de ce canal, de se conformer aux règles générales de l'administration des ponts-et-chaussées. Voilà la volonté publique. Le cit. Girard fait travailler au canal suivant d'autres plans considérablement plus dispendieux, sans se conformer aux règles des ponts-et-chaussées, et sans l'approbation du corps; je ne vois là qu'une volonté particulière, qui applique les deniers publics à des travaux qui, faute d'examen et d'approbation, peuvent se trouver inutiles et même préjudiciables. Si, comme il l'a assuré, il eût reçu des ordres de travailler sans se conformer aux plans qu'il avait reçus des Consuls, et sans l'approbation des ponts-et-chaussées, et qu'il pût le prouver, il ferait partager au fonctionnaire public qui lui aurait transmis ces ordres le poids de sa responsabilité, sans en être déchargé lui-même. En un mot, je ne verrais là encore qu'une volonté particulière, employant les deniers publics, et conséquemment dilapidation.

Le cit. Girard, inculpé pour avoir substitué au plan qui lui avait été remis par les Consuls, un plan de son imagination, plus rectiligne, mais aussi infiniment plus dispendieux, répond que la ligne droite est la plus courte d'un point à un autre, qu'elle donne plus d'agrément au canal et que les moyens de la ville à laquelle il est destiné permettent un excès de dépense.

Cette défense nous paraît très-fausse, et ces raisons très-peu convaincantes. La situation de la ville de Paris ne lui permet aucun excès de dépense; nous eussions consulté sur cela tous les citoyens individuellement qui habitent cette grande ville, et recueilli toutes les voix, sans que notre conviction en fût augmentée, et sans que notre certitude en pût devenir plus ferme et plus assurée. Nous conviendrons facilement qu'un ingénieur traçant un canal dans un parc, peut et doit, dans le tracé, avoir égard aux agrémens qui en résultent et rarement néanmoins nous en avons vu de rectilignes.

Dans des canaux qui traversent des provinces, qui épuisent quelquefois les finances d'un état, et sont toujours prodigieusement dispendieux, le premier de tous les agrémens, c'est l'économie; la plus grande beauté, c'est la moindre dépense. Nous soutiendrons contre le cit. Girard que, dans ce cas, la ligne la plus courte, c'est la moins dispendieuse, et nous ajouterons qu'elle est en même tems la plus droite; car elle met un frein à la cupidité et des bornes aux dilapidations et aux désordres.

Le citoyen Girard, non content de livrer son projet à l'exécution avant l'examen et l'approbation de l'administration générale des ponts-et-chaussées, comme il y était obligé, et par la loi générale et par son mandat particulier, a fait de plus tout ce qu'il est possible d'imaginer pour paralyser cette autorité, afin de se soustraire à toute inspection, à toute subordination. Nous avons vu qu'il avait déclaré à cette assemblée que, soit qu'elle approuvât ou n'approuvât point, il avait ordre de faire tou-

P 2

jours travailler avec activité, et que, vu l'intérêt mis par le Premier Consul aux progrès de l'ouvrage, elle se compromettrait si elle y mettait le moindre retard, tel qu'il avait été commencé. On sent de quel interdit l'administration dût se croire frappée par une pareille déclaration, nonobstant les nombreuses irrégularités qu'elle ne put s'empêcher d'y apercevoir. Elle déclara que, sans vouloir apporter aucun retard aux ordres du Gouvernement, elle ne pouvait en aucune façon approuver un projet sans le connaître, et que son devoir néanmoins et sa mission étant de le connaître et de l'examiner, pour pouvoir en rendre compte au conseiller d'Etat, elle estimait nécessaire de nommer des commissaires pour examiner les pièces et les opérations, afin de se trouver en état de remplir ce qu'on avait droit d'attendre de son ministère, lorsque ce compte lui serait demandé. Le cit. Girard fit ce qu'il put pour s'opposer à cette mesure; mais l'assemblée passa outre. Alors l'ingénieur travailla les commissaires, au point que l'un d'eux, se trouvant trop injurié, se crut obligé de se retirer. Si l'inspecteur-général Gauthey n'en fit pas autant, il ne put être arrêté que par son devoir et par le desir de faire le bien et de remplir sa mission avec honneur, malgré tous les désagrémens et les déboires qu'elle lui promettait.

Les commissaires, après avoir fait leur examen, en ayant ensuite rendu compte à l'assemblée, le cit. Girard prétendit que ce compte qui mettait au jour toutes les défectuosités et les bévues multipliées de son plan, et sur-tout les excès de dépense inutile et superflue dans lesquelles il entraînait d'une manière très-préjudiciable pour l'Etat et pour la ville de Paris, était, de la part des commissaires, *une initiative* par laquelle ils se constituaient *partie dans une affaire où ils devaient prononcer comme juges* (1). Si cette prétention absurde du cit. Girard pouvait être accueillie, il s'ensuivrait non-seulement que l'Administration des ponts-et-chaussées ne pourrait porter aucun jugement, mais même que les tribunaux et tous les corps, sans exception, seraient paralysés, tous les membres resteraient sans fonctions. Nous ne nous étendrons pas davantage sur ce sujet, nous craindrions qu'on ne nous accusât de perdre le tems à réfuter des allégations réfutées d'avance par leur absurdité même.

Cependant qu'on ne croie pas que cette filière d'autorités, par laquelle doivent passer les plans et projets de ce genre, soit une vaine et indifférente formalité; elle est au contraire très-importante pour la République et de la plus indispensable nécessité. Les ministres et autres administrateurs généraux ne sont point juges de l'art; leurs fonctions au contraire les rendent étrangers aux connaissances et plus encore à la pratique, relatives et nécessaires à cet objet. Un corps particulier, composé d'hommes versés dans cette pratique et consommés dans l'étude de l'art, leur a été donné pour leur préparer des lumières; ils sont tenus d'allumer à ce foyer le flambeau qui doit éclairer leur décision. Ces hommes vénérables, blanchis sous le harnois de l'expérience, connaissent et les fautes qui peuvent se commettre contre l'art et les fraudes ordinaires aux déprédateurs : leur âge, leurs services, leur honneur et leur intérêt même combinent et réu-

(1) Voyez page 21 du Mémoire du cit. Girard.

nissent dans ce corps une somme de talens, de probité et d'expérience qui commande la confiance; le choix du Gouvernement légalise cette confiance qui n'a jamais été trompée. Ce n'est donc point sans raison ou par pure formalité que les autorités supérieures et inférieures sont tenues de s'éclairer de ses lumières et de se légitimer par son approbation. Sans cette sage institution, la fortune publique serait continuellement en péril et livrée, sans garantie, aux faiseurs de projets les plus extravagans, les plus ruineux et les plus désastreux.

Une circonstance favorisait singulièrement ici les vues de l'ingénieur en chef de l'Ourcq, et ses projets de se soustraire au jour de l'inspection et du contrôle, pour opérer plus sûrement dans l'obscurité : ordinairement les plans fournis par les ingénieurs nommés par le Gouvernement, inspectés et approuvés par l'administration générale des ponts-et-chaussées, sont remis au conseiller d'Etat chargé de cette partie, lequel en fait un rapport au ministre et lui remet le tout muni de son approbation. Sans cette double approbation, le ministre ne pourrait viser les comptes et mémoires de dépenses et en ordonnancer le paiement; mais les dépenses du canal de l'Ourcq ont été acquittées suivant une autre marche, qui n'a rien conservé de cette régularité.

Un octroi de la ville de Paris a été destiné à cet objet; les octrois, comme on sait, sont à la disposition des préfets; le cit. Girard, pour faire payer ses dépenses, s'est contenté de présenter ses mémoires au préfet de Paris, qui bénignement les a tous ordonnancés, sans que l'administration des ponts-et-chaussées ait eu aucune inspection des plans et devis, ait fait aucune estimation des ouvrages, et nonobstant même son improbation unanime, consignée dans ses registres.

De là, toutes les irrégularités qui peuvent naître et sont nées en effet de l'inobservation des lois, de l'insubordination, de l'indépendance, de l'impéritie et de l'inexpérience; de là, des ouvrages faits au hasard, arbitrairement, sans tracé, sans nivellemens préalables, sans projets, devis, estimation, vérification et approbation légales et nécessaires; de là, en un mot, toutes les défectuosités et les désordres qu'entraîne naturellement le défaut d'inspection, de surveillance et de contrôle, et que l'inspecteur-général Gauthey a relevés avec beaucoup d'ordre et de zèle, mais sans aigreur et sans fiel, comme sans mollesse et sans ménagement.

D'abord l'inspecteur-général observe que l'ingénieur en chef du canal de l'Ourcq, chargé par le Gouvernement de présenter un projet définitif, d'après les plans et dessins qui lui sont remis, et en se conformant aux règles générales des ponts-et-chaussées, décline l'inspection et la surveillance de son corps, viole les lois qui lui sont imposées, supprime les plans et devis qu'on lui remet et auxquels il doit se conformer, se donne une mission qu'il n'a pas, et au lieu d'un projet définitif à présenter et à soumettre à l'examen et à l'approbation, il improvise un plan nouveau, opposé à toutes les règles de l'art et à la pratique la plus universellement suivie et approuvée, et en brusque aussitôt l'exécution, en y mettant un nombre d'ouvriers et en y consommant des fonds considérables. L'administration, appelée par ses devoirs et par son institution même à assurer le bon emploi des fonds publics, en réglant les opérations de ses membres, voulut alors porter l'œil de sa surveillance légale et obligée sur celles du cit. Girard. Ayant appris de quelques membres qu'elles s'exécutaient contre tous les principes et les règles de l'art (1), elle déclara qu'elle estimait nécessaire de nommer des commissaires pour examiner toutes les pièces et les opérations, afin de lui en rendre compte ; nous avons dit que le cit. Girard tenta de s'opposer à cette mesure, mais que l'assemblée passa outre.

Ce fut alors, observe ensuite l'inspecteur-général, que le cit. Girard (2), *qui voulait se soustraire à tout examen et à toute surveillance,* mit tout en œuvre pour entraver son action administrative et officielle ; ce fut alors qu'il interposa à cet effet l'autorité même du Premier Consul, autorité sans doute supposée, puisqu'elle eût été contradictoire, comme l'observe à propos l'inspecteur-général (3), et il trouva moyen, *à force de retards* (4), *de chicanes, de doutes élevés sur les calculs, de changemens d'hypothèses, de paralyser l'assemblée,* et même, malgré un ordre bien positif du conseiller d'État, de donner enfin *un projet définitif du tracement* (5), et qui lui fixa pour tout délai le 1er. germinal an 11 ; ce projet et ce tracement ne sont point encore donnés, ni à ce magistrat, ni à personne ; nous sommes même autorisés par des faits à croire qu'il n'en existe point, car l'inspecteur-général nous apprend (6) qu'il a vu dernièrement, dans le bois de Saint-Denis, des terres transportées sur des lieux où l'on creusait ensuite, et où il fallait conséquemment reprendre ces mêmes terres en double emploi, pour les transporter une seconde fois ailleurs, avec une augmentation de dépense en pure perte. Or, s'il y avait eu un plan tracé suivant l'art, avec nivellemens et repaires, ce double emploi, ce double transport, dispendieusement inutile, n'aurait certainement pas pu avoir lieu.

Cependant, continue l'inspecteur-général (7), il existait des plans ; quatre avaient été faits par ordre du Gouvernement, deux à droite et deux à gauche du chemin de Meaux, et des ingénieurs, sous l'inspection des commissaires de l'administration (8), avaient employé une année entière à les tracer. Il ne s'agissait donc que d'employer ces plans provisoires, et d'en composer, en les suivant, un définitif, et de le faire approuver et adopter.

Au lieu de cette mission, qui était uniquement celle du cit. Girard, il met sur-le-champ à exécution un plan improvisé sans règle, ni tracé, ni nivellement, et sur l'observation du corps des ponts-et-chaussées, que ce plan entraînera un excès de dépense de plusieurs millions de plus que les plans réguliers qu'on lui avait remis, il augmente considérablement le nombre des ouvriers sur tous les ateliers, évidemment afin d'avancer (9) tellement l'entreprise, que la dépense, perdue si on l'abandonnait, obligeât de la continuer, et afin de se trouver ainsi libre et indépendant, sans inspection, sans surveillance et sans contrôle.

Que devient néanmoins l'entreprise sous sa main, et quelle forme prend le canal sous la mise à exécution brusquée par le cit. Girard ? Le canal

(1) Voyez page 5, n°. 18. (2) Page 3, n°. 12. (3) Page 27, n°. 94.
(4) Page 28, n°. 97. (5) Num. 97 et 43. (6) Num. 85 et 91.
(7) Page 2, n°. 9 et 10 (8) Num. 10 et 95. (9) Num. 29 et 37.

de l'Ourcq, d'après les arrêtés du Gouvernement, devait être traité en grande navigation; le Premier Consul avait dit expressément sur les lieux, qu'il fallait lui donner 40 pieds de largeur (1), et avait même ajouté qu'il fallait examiner s'il ne serait pas possible d'y joindre une dérivation de la rivière d'Aisne (2). Au lieu de ces vues, qui indiquent manifestement une grande navigation, l'ingénieur en chef exécute une rigole de 10 pieds de large, dont les dépenses néanmoins, par les doubles emplois, les tranchées excessives et autres travaux ruineux, inutiles et réprouvés par les principes de l'art et de la pratique, excèdent de plusieurs millions celles portées dans les plans et devis qu'il a jugé à propos de supprimer : au lieu d'une navigation nouvelle à créer pour la ville de Paris, l'ingénieur en chef en détruit une ancienne existante; car il est bien évident que celle qui existe actuellement sur la rivière d'Ourcq serait anéantie, si la moindre dérivation en diminuait les eaux, qui deviendraient alors insuffisantes pour l'une et pour l'autre.

Il y a des lois à suivre qui ont été sagement portées, tant pour assurer la bonté, la solidité, la régularité des ouvrages de ce genre si dispendieux, que pour empêcher les déprédations et mêmes les frais inutiles ou préjudiciables. Les plans, projets, devis et estimation des dépenses doivent être, comme nous l'avons vu, présentés à l'examen et à l'approbation de l'administration générale des ponts-et-chaussées, et le paiement n'en peut être ordonnancé par le ministre que sur le rapport approbatif du conseiller d'Etat qui assure officiellement l'observation de toutes ces règles. Le préfet de Paris, dit l'inspecteur-général (3), avait d'abord commencé à suivre cette marche légale et à se conformer à ces réglemens, en envoyant, avant de les ordonnancer, les marchés et mémoires du cit. Girard au conseiller d'Etat, pour les faire approuver. Mais ces marchés ayant donné lieu d'observer plusieurs irrégularités choquantes, plusieurs défectuosités qui montraient et l'ignorance de l'art (4), et une pratique souvent contraire à ses principes les plus vulgaires, ayant de plus été comparés avec d'autres marchés envoyés par l'inspecteur-général de Saint-Quentin, où le prix de la fouille n'allait pas à la moitié de celui du canal de l'Ourcq, et celui du roulage à $\frac{7}{17}$; ces observations furent envoyées au cit. Girard pour y répondre; mais, pour toute réponse, on cessa d'envoyer les marchés et mémoires, et on en fit ordonnancer le paiement, sans examen ni approbation, et sans considérer que cette conduite allait entacher le préfet même, de connivence ou même de collusion avec l'ingénieur en chef préposé aux travaux. Le cit. Girard n'a sans doute pas fait réflexion en tenant cette conduite, pour échapper à toute inspection, à toute surveillance, à toute subordination, qu'il a beaucoup diminué sa gêne à la vérité, mais qu'il a en même tems beaucoup augmenté sa responsabilité, et perdu de grandes lumières, d'excellens avis et d'abondans secours, dont il aurait

(1) Voyez page 20, n°. 72 et 73.

(2) Il serait plus court de prendre à Fismes, au-dessous de Rheims, la rivière de Vesle, avant qu'elle se jette dans l'Aisne, et de la conduire dans l'Ourcq à Fère en Tardenois; le trajet ne serait que de trois lieues environ.

(3) Page 31, n°. 111. (4) *Idem*. n°. 111.

pu avantageusement profiter dans la direction de son travail. Il a cru peut-être ce travail peu difficile, ou que s'il rencontrait quelques difficultés, il les surmonterait aisément et sans secours. Cependant, l'inspecteur-général lui-même, consommé par une longue expérience et une grande pratique de l'art, puisqu'il a projeté et exécuté plusieurs canaux et notamment le grand canal du centre, nous assure (1) que le canal de l'Ourcq présente des difficultés qui ne peuvent être vaincues par des efforts ordinaires et moins encore par un ingénieur inhabile et peu praticien, qu'elles sont nombreuses et multipliées, et qu'il avait résolu de consulter sur ces difficultés qu'il désigne, le corps des ponts-et-chaussées (2), afin d'établir une discussion d'après laquelle on eût pu prendre le parti le plus convenable et le plus avantageux. Ces difficultés, ajoute-t-il, sont telles que je doute beaucoup qu'un ingénieur qui n'a pas étudié à fond cette partie, puisse les surmonter seul et prendre le meilleur parti.

Malgré ces difficultés, néanmoins, et quoique le premier praticien peut-être de France, dont l'âge a mûri les principes et la moralité, dont les travaux multipliés ont augmenté et perfectionné les moyens, dont les succès ont couronné la pratique et consacré la méthode et l'expérience, les juge telles que, pour les vaincre, il se croit dans la nécessité d'en réclamer la discussion par le corps des ponts-et-chaussées et la décision d'après ses lumières réunies, lorsque le ministre même voit la légalité intégrale de son action officielle, dépendante du corps des ponts-et-chaussées, juri nécessaire, seul compétent pour décider de l'art : l'ingénieur en chef du canal de l'Ourcq, seul, croit pouvoir s'en affranchir en se mettant au-dessus des lois et de son mandat !

Quand le génie, quittant les lisières de l'école et secouant les chaînes de la routine, prend le vol de l'aigle pour s'élever au-dessus des sentiers battus par le vulgaire, et que, créant un chef-d'œuvre, il le produit à l'étonnement et à l'admiration du monde, les savans et les ignorans se réunissent pour l'accueillir par des applaudissemens unanimes et universels; mais quand la médiocrité et l'ignorance s'affranchissent des règles, pour ne produire qu'un ouvrage informe, irrégulier et méprisable, elles descendent alors au-dessous de leur valeur même et s'enfoncent dans la fange, sans que personne leur tende la main pour se relever.

Enfin, poursuit l'inspecteur-général Gauthey (3), « ce qui est encore » plus inconcevable, c'est que l'on se soit emparé de tout le terrain des » propriétaires, qu'on ait fait détruire les bleds, qu'on ait dévasté les héritages, intercepté les chemins vicinaux et bouleversé tous les terrains, » sans payer personne, comme s'il eût été question d'une incursion militaire, tandis que l'art. 3 de la loi du 29 prairial, sur ce canal, dit positivement que les terrains appartenans à des particuliers, et nécessaires » à la construction, seront acquis de gré à gré ou à dire d'experts, et » que la loi générale porte que l'on ne pourra occuper aucun terrain pour » l'avantage public, que l'indemnité ne soit payée préalablement avant » qu'on fasse travailler. Cette manière d'agir militairement au sein de la

(1) Page 27, n°. 96. (2) *Idem*, n°. 96. (3) Page 32, n°. 113.

» paix,

» paix, a jeté les plus vives allarmes dans tout le pays : on n'ose peut-» être pas parler hautement, mais l'on murmure, et la plupart des pro-» priétaires craignent de n'être pas payés; le ton même très-tranchant de » l'ingénieur a fortement indisposé tout le pays contre lui, et a fait une » quantité d'ennemis et de détracteurs d'un ouvrage qui aurait dû n'avoir » que des approbateurs ».

C'est avec beaucoup de raison, assurément, que l'inspecteur-général s'élève ici contre les envahissemens des propriétés particulières, malgré la loi; à l'iniquité qu'ils présentent toujours, se joint encore ici l'inconvénient de rendre le Gouvernement odieux, lorsqu'il est connu qu'ils vont contre ses intentions formelles et notoires (1).

Il faut lire en entier la lettre de l'inspecteur-général au préfet, pour connaître à fond les torts multipliés de l'ingénieur, les excès de dépense souvent quadruple (2) et en pure perte, et les nombreux défauts de son canal-rigole. Tous ces reproches mérités sont ici comblés par l'envahissement illégal des propriétés, et par un mode despotique et un ton oriental pires que l'envahissement même : et dans quel tems encore cet attentat contre la propriété? dans un moment où elle vient d'être ébranlée dans tous ses fondemens, et où encore mal affermie sur ses bases factices, le moindre échec la remet en problême, et avec elle le Gouvernement et la société même!

Le cit. Girard pouvait-il, au reste, respecter beaucoup la propriété particulière, lorsqu'exécutant un projet de son imagination, et avant qu'il fût devenu *projet de l'Etat*, il employait ainsi les deniers publics à son bon plaisir?

Terminons par une réflexion judicieuse de l'inspecteur-général, et qui n'est pas la moins intéressante de son intéressant mémoire. S'il eût été nécessaire, dit-il (3), de prendre sur les revenus ordinaires de l'Etat les fonds employés au canal de l'Ourcq, l'ingénieur en chef n'eût pu les faire payer comme ils l'ont été, sans qu'il y eût de projet légalement formé, inspecté, approuvé et arrêté, parce que le ministre de l'intérieur n'eût point déterminé les fonds ni ordonnancé les mémoires sans cette formalité, dont il ne doit point s'écarter et dont il ne s'écarte jamais. Mais le préfet de Paris, qui d'abord avait commencé de se conformer à cet ordre (4), s'en étant ensuite écarté, par les fascinations du cit. Girard, la porte s'est trouvée par là ouverte à tous les déréglemens.

« L'ingénieur pouvait sans doute, dit le cit. Gauthey (5), être arrêté » dans ses fausses idées, dans ses fausses manœuvres, dans ses projets » illégaux, par un administrateur qui aurait suivi les règles établies; mais, » citoyen Préfet, il vous a séduit au point de vous faire croire que vous » étiez au-dessus de ces règles; qu'il pouvait seul faire exécuter un grand » ouvrage, sans être surveillé, sans être examiné, sans être inspecté..... » afin de continuer un travail condamné par l'assemblée des ponts-et-» chaussées, et condamnable par tout administrateur ».

---

(1) Voyez n°. 116. (2) Voyez page 18, n°. 62 et 63. (3) Page 4, n°. 14.
(4) Page 31, n°. 111. (5) Page 28, n°. 97.

Quel désordre néanmoins, ajoute l'inspecteur-général (1), ne s'ensuivrait-il pas, si on passait sous silence une infraction aussi formelle et aussi coupable des règles qui sont la sauve garde de la fortune publique contre la déprédation ? Quel plus dangereux exemple, et que deviendrait alors l'administration générale des ponts-et-chaussées, sinon une superfétation aussi inutile à l'État qu'onéreuse pour le trésor public ? Quelles conséquences désastreuses s'ensuivraient, si des désordres aussi graves n'étaient pas réprimés et si un ingénieur, d'accord avec un préfet (2), pouvait ainsi dépenser des millions inutiles, sans que l'administration supérieure, dont l'institution n'a d'autre but que de régulariser et de légaliser les dépenses, en eût l'inspection, la surveillance et le contrôle ? Quel gouffre ruineux serait ouvert au trésor public, si ces désordres et cette insubordination, n'étant pas réprimés, venaient, par la tolérance, à multiplier ces millions de dépense perdue, par le nombre *cent huit* qui est celui de nos départemens ?

P. S. Depuis la publication du dernier mémoire du cit. Gauthey, le cit. Girard garde un profond silence : l'artillerie de l'inspecteur-général a fait taire absolument celle de l'ingénieur ; on observe même que les travaux du canal sont considérablement ralentis, on ne suppose pas néanmoins qu'ils soient abandonnés ; on n'abandonne point ainsi une si bonne mine. Mais comme les raisons sont épuisées de part et d'autre, on peut croire qu'on ne s'endort point sur d'autres moyens très-connus et très-pratiqués aujourd'hui, même sur ceux qu'Horace déclare plus puissans que la foudre, plus actifs et plus efficaces que le tonnerre. Tout tient actuellement au rapport que doit faire au Gouvernement le conseiller d'Etat chargé de cette partie. Le conseil des ponts-et-chaussées persiste dans sa décision ; malgré le long silence du conseiller d'Etat, on ne doit pas croire que les moyens d'Horace aient ici aucune influence ; quoiqu'un si long laps de tems paraisse en prendre la couleur, croyons qu'il ne se passe pas en négociations : le rapport est sans doute suspendu par des affaires d'une plus grande importance encore ; il ne faut pas douter qu'on le verra paraître minuté par l'impartialité, à l'instant qu'on ne s'y attendra plus ; le conseiller d'Etat y est trop intéressé, il sait que la sagesse et l'intégrité ne suffisaient pas à la femme de Caton, et qu'il fallait que l'ombre même du soupçon fût éloignée d'elle.

Nous ne pouvons nous empêcher de louer et admirer le caractère et le courage qu'a montré le cit. Girard en cette circonstance ; mais nous ne concevrons jamais comment il ne s'est point concerté avec le corps des ponts-et-chaussées, avant d'entamer son entreprise. Cette démarche, commandée par le devoir et même par la prudence, eût tout concilié, lui eût épargné une infinité de désagrémens, eût pu réformer toutes les défectuosités qu'on reproche à son plan, ou du moins eût enlevé le poids immense de responsabilité qui pèse sur sa tête.

On assure néanmoins aujourd'hui que le cit. Girard, quoiqu'un peu tard, se rapproche du bureau de l'école des ponts-et-chaussées, et qu'il ne paraît pas fort éloigné d'une conciliation, par l'entremise du cit. Prony,

(1) Page 33, n°. 118.

(2) Num. 119.

l'un des commissaires nommés pour l'examen du canal, près lequel on le voit fréquemment se rendre : tous les amis de la paix formeront des vœux pour le succès de ses assiduités.

Note du Rédacteur. On trouvera peut-être que nous sommes entrés dans un détail un peu long sur l'entreprise du canal de l'Ourcq : son importance nous a paru telle, non-seulement pour la ville de Paris, mais même pour toute la République, que nous avons cru qu'il méritait cette étendue. Des travaux de cette conséquence ne peuvent être trop sérieusement examinés, trop longuement discutés et trop profondément médités et réfléchis. Les plans et projets ont besoin d'être éclairés de toutes les lumières avant d'être livrés à l'exécution ; c'est le seul moyen d'éviter les fautes qui échappent toujours au premier coup-d'œil même de l'habileté la plus consommée, et comme les suites en sont très-dangereuses, par les dépenses considérables qu'elles entraînent, on ne pouvait environner cette partie de trop de formalités et de précautions. Les auteurs des plans trouvent ici leur intérêt comme le trésor public ; ils sont perfectionnés par les lumières et les conseils de l'administration, et souvent par la contradiction même ; ils parviennent ainsi, plus dignes de leurs auteurs, à la postérité, qui consacre leur génie par ses éloges et par sa reconnaissance. Le but du Recueil Polytechnique étant le même, il ne faut point être surpris qu'on soit entré dans ces détails, puisqu'ils tendent évidemment à l'atteindre, et que c'est l'objet constant de nos travaux et de nos efforts.

Le cit. Girard, simple élève des ponts-et-chaussées, d'où il a été tiré pour servir en cette qualité dans l'expédition d'Égypte, n'avait eu encore aucune occasion d'exercer et de montrer ses talens dans cette partie, lorsqu'il fut nommé ingénieur en chef du canal de l'Ourcq, à l'ombre du Premier Consul, sous lequel il avait eu l'honneur de servir : il avait bien retrouvé la ville de Thèbes en Egypte, si nous en croyons les journaux du tems, et même le mètre dont nous nous servons aujourd'hui en France; il avait vu battre quelques pieux dans nos ports de mer ; mais simple élève appointé, il n'avait eu la direction d'aucun travail, et n'avait aucune expérience dans aucune partie semblable à celle qu'on lui confiait, et surtout d'une importance considérable et présentant des difficultés extraordinaires et multipliées. Tant de succès et tant de faveurs ont sans doute ébloui son zèle et ont bien pu le tromper lui-même sur l'étendue de ses talens, puisqu'il a dédaigné les lumières de l'administration supérieure et récusé les observations, corrections et améliorations indiquées par ses chefs : il faut peut-être excuser son erreur, pour ne lui tenir compte que de sa bonne volonté.

Le Gouvernement, pénétré de ces réflexions, plein de leur inévitable conviction et persuadé de la nécessité de l'examen des plans et projets de ce genre par l'administration générale des ponts-et-chaussées, de leur discussion et approbation par elle avant qu'ils soient définitivement ordonnés et livrés à l'exécution, conformément aux observations du cit. Gauthey, vient de rendre l'arrêté suivant.

Arrêté du Gouvernement de la République.

Bonaparte, Premier Consul de la République, arrête :

Art. Ier. Il sera ouvert un canal de la ville de Rheims à la mer.

II. Les projets en seront faits avant le 1er. germinal, ils seront discutés et l'avis de l'assemblée des ingénieurs des ponts-et-chaussées sera soumis à l'approbation du Gouvernement avant le 1er. messidor.

III. Les travaux seront commencés, si le projet est définitivement adopté, dans le courant de l'an 12.

Le premier Consul, signé *Bonaparte*.

Par le Premier Consul,

Le secrétaire d'état, signé, *H. B. Maret*.

N. B. Nous croyons nécessaire, vu l'arrêté ci-dessus, de rappeler que le Premier Consul visitant les travaux du canal de l'Ourcq, marqua le desir qu'on examinât s'il ne serait pas possible de tirer, par une dérivation de la rivière d'Aisne, des eaux en suffisante quantité, pour faire du canal de l'Ourcq une plus grande navigation. Le canal de Reims à la mer ne peut avoir lieu que par les eaux de la Vesle qui passe à Reims, réunies à quelqu'autre des environs : cela nous donne occasion de rappeler l'observation que nous avons faite alors, qu'il serait beaucoup plus court, pour augmenter la navigation du canal de l'Ourcq, de prendre les eaux de la Vesle à Fismes, et de les jeter dans l'Ourcq, à Fère en Tardenois, ce qui doublerait, au moins, la quantité de ses eaux, et diminuerait le travail et la dépense de moitié, la distance de Fismes à Fère n'étant que d'environ trois lieues, et celle de Fère à la rivière d'Aisne de près du double ; cela donnerait en même tems un canal direct de Reims à Paris, dont le trajet ne serait pas beaucoup plus long que la grande route.

CANAL DU RHONE AU RHIN.

Il vient de s'élever, au sujet d'un nouveau canal, une discussion litigieuse et contradictoire, bien propre à arrêter les regards du Gouvernement sur celle de l'Ourcq, et sur la nécessité de ne livrer ces sortes d'ouvrages à l'exécution qu'après l'examen le plus sérieux, et sur-tout avec l'approbation des hommes que les études de toute leur vie, leur longue expérience et leurs preuves faites dans le même genre, ont rendus dignes de la confiance publique à cet égard et leur ont mérité le choix du Gouvernement pour composer l'administration générale des ponts-et-chaussées.

Il s'agit d'un canal du Rhône au Rhin, par le Doubs.

Quatre projets ont été formés : le premier, consiste à traverser l'isthme et le rocher de la citadelle de Besançon, sur une longueur totale de 467 mètres, dont 400 environ en galerie souterraine. Son auteur, le cit. Bertrand, inspecteur-général des ponts-et-chaussées, soutient qu'il lui a toujours paru le meilleur parti à prendre, 1°. parce que ce projet abrége d'une grande lieue, en épargnant beaucoup de difficultés qu'on rencontrerait dans un trajet plus long d'une lieue et traversant une ville fortifiée ;

2°. parce que ce projet, abrégeant d'une grande lieue, ne toucherait point aux fortifications de la ville, qu'il laisserait absolument intactes, ainsi que toutes les propriétés particulières, tandis que tous les autres projets entament plus ou moins les unes et les autres, avec l'obligation, par conséquent, de remplacer les premières par des travaux nouveaux et les secondes par des indemnités. Mais, ajoute l'inspecteur-général Bertrand, si ce projet a toujours paru le meilleur parti à prendre en tout état de cause, il est devenu le seul possible et proposable, depuis que les digues et usines placées autour de Besançon ont été condamnées par l'ancien et par le nouveau Gouvernement, en sorte qu'il faut renoncer au projet de jonction du Rhin, ou à conserver à la place de Besançon les faibles restes de fortifications qui lui font encore donner la dénomination de ville de guerre.

Un autre projet donné en l'an 9 par le directeur de la place de Besançon, Kirgener, consiste à établir la navigation dans le lit même de la rivière et autour de la ville.

Un troisième projet, présenté en l'an 10 par le comité central du génie militaire, sur la proposition de son rapporteur le général Clemencet, consistait à ouvrir une tranchée neuve tout à travers la ville. L'inspecteur-général Bertrand lui adressa des observations sur les inconvéniens qu'il renfermait, et il présume que ces observations le firent abandonner, parce que, dit-il, l'année suivante on en présenta un quatrième, fourni par le cit. Laurent, capitaine de l'arme du génie, servant à Besançon sous le directeur Kirgener. Celui-ci consistait à établir aussi la navigation d'abord dans le lit même de la rivière inférieure, ensuite dans les fausses brayes qui cotoient la partie supérieure, et le comité central du génie a annoncé ce plan comme celui auquel il fallait s'en tenir définitivement.

Pour juger entre ces quatre projets celui qui mérite la préférence, les ministres de la guerre et de l'intérieur ont nommé une commission mixte, composée de trois ingénieurs du génie militaire et de trois des ponts-et-chaussées : cette commission, après avoir délibéré à Paris pendant plus d'un mois, ne put s'accorder ; la section civile fut entièrement et sans modification, dit l'inspecteur-général Bertrand, en faveur de son projet, et la section militaire le proscrivit comme absurde, sans néanmoins opiner formellement pour le projet Laurent, mais en paraissant donner ouverture à un cinquième plan, qui consisterait à toujours suivre le lit du Doubs, mais en remplaçant quatre des digues actuelles par deux bâtardeaux qui seraient percés d'écluses à fond sur toute leur longueur, et tout prêts à devenir claire-voie, l'un au pont de Battant, l'autre vers Tarragnoz, et en y ajoutant les autres ouvrages qu'on jugerait utiles ou nécessaires après un plus ample examen.

Ici les passions viennent, comme il n'arrive que trop souvent, embrouiller la matière ; chacun adore son idée sans vouloir s'en départir, et c'est encore bien pire, si des motifs obscurs d'intérêt secret et inaperçu viennent encore ajouter à l'embarras dont la décision qui doit intervenir est entravée.

L'inspecteur-général Bertrand observe, qu'au lieu d'un jugement par arbitres, qui devait décider entre son projet et celui d'un des membres du génie, pour adopter l'un ou l'autre, la section du génie, sans en adopter aucun formellement, les proscrit tous, en semblant néanmoins donner la préférence à un nouveau plan à former, et dont les détails, les devis, les dépenses et les ouvrages indispensables sont entièrement inconnus, en sorte qu'il faudrait nommer une commission spéciale, non-seulement pour l'examiner, mais même pour le former en entier et en donner tous les plans, devis et détails. Il se plaint en outre qu'ayant d'abord été de la commission, il en fut exclus, comme auteur de l'un des projets qu'il s'agissait de comparer et de discuter, quoique le directeur Kirgener et le général de brigade Clémencet, auteurs l'un et l'autre de chacun un projet, et le dernier en outre rapporteur du comité central, n'en ayent point été exclus, malgré les mêmes raisons évidentes et des motifs égaux d'exclusion.

Mais il ne croit pas avoir besoin de ces moyens de nullité ou de récusation pour anéantir leur décision. Voici, continue-t-il, les principaux argumens qu'ils emploient contre moi, avec les réponses que la section civile leur a faites, et que je dois moi-même leur faire pour me justifier personnellement.

I. On oppose d'abord que dans la zône des frontières toutes les vues militaires doivent dominer les vues du commerce, à cause de la nécessité de défendre l'Etat : cette règle, dit l'inspecteur-général, est incontestable; mais elle n'a ici nulle application, puisque le canal arrivant en face, et sous le feu de la citadelle, elle pourrait, en un instant, le masquer, le combler et le détruire, au moment où la chose deviendrait nécessaire.

II. On oppose en second lieu que le canal à former doit être défensif de toute l'enceinte de la place, en même tems qu'utile à la navigation. C'est ici, dit le cit. Bertrand, vouloir allier les inconciliables; 1°. parce que le commerce s'enfuit toujours au moindre bruit des armes; 2°. parce qu'il ne peut être établi sous les remparts et les bastions, ou le long des courtines, aucune navigation artificielle, sans enfreindre toutes les règles de la défensive; 3°. parce que tout ce qu'on prétend ajouter par-là aux moyens défensifs de la ville, se réduit à l'environner d'une hauteur d'eau suffisante pour la mettre à l'abri d'un coup de main; or, tel est l'état actuel des lieux auquel le projet n'ajoute rien; il est donc, conclue-t-il, absolument inutile à cet égard.

III. Une troisième difficulté, proposée par le génie militaire, c'est que sans des bâtardeaux éclusés, pour maintenir les basses eaux à la hauteur nécessaire, fonction remplie par les digues actuelles qui sont condamnées, comme étant la cause des inondations qui affligent la ville, rien ne remplacerait cet avantage. Mais, répond l'inspecteur-général, 1°. les bâtardeaux auraient le même inconvénient; 2°. *les écluses de fond*, dont les inventeurs donnent plusieurs espèces, à aucune desquelles le génie militaire ne s'arrête d'une manière déterminée, ne pourraient ni être manœuvrées sans danger, ni résister à deux débordemens consécutifs : ce sont, ajoute-t-il, des inventions qui, quoiqu'ingénieuses et déjà très-anciennes, n'existent encore qu'en dessin et en projet, et quand bien même elles pourraient être réalisées et réussir ailleurs à évacuer les grandes eaux, elles ne le pourraient pas sous le pont de Besançon, où elles augmenteraient au contraire le gonflement des grandes eaux, ce qui doit être évident pour le directeur Kirgener et le capitaine Laurent plus que pour personne.

IV. Après des preuves aussi peu concluantes, les ingénieurs militaires croyant néanmoins pouvoir assurer que le dernier projet, tout indigeste qu'il est, pourra établir une bonne navigation, parer à l'inconvénient des inondations de la ville, assurer sa défense, et remplacer les digues actuelles, proscrivent le canal souterrain comme une dépense folle, en pure perte ou en double emploi, puisqu'il ne servirait qu'à la seule navigation, et laisserait à pourvoir aux trois autres objets.

Mais, réplique l'inspecteur-général, tout porte à faux dans ces assertions; 1°. les digues actuelles ne peuvent être remplacées par des bâtardeaux éclusés, on vient de le voir; 2°. quand la chose serait possible, les inondations de la ville ne seraient pas moindres, ni sa défense mieux assurée; elle le serait au contraire beaucoup mieux par la galerie souterraine, puisqu'elle acheverait de rendre la place inaccessible, en forçant à rendre navigable la longue partie de rivière qui est toujours à sec ou guéable, sous Chaudane et Tarragnoz, et qui resterait telle, en s'en tenant aux bâtardeaux éclusés; 4°. le canal souterrain est le seul moyen de diminuer les inondations, et ce motif seul devrait le faire ouvrir, sans attendre que le Doubs soit rendu navigable au-dessus et au-dessous, l'expérience en est si certaine, qu'elle empêcherait bientôt de poursuivre la destruction de ces riches établissemens, si l'on en avait vu l'effet avantageux.

V. Si les ingénieurs militaires, continue l'inspecteur-général, ne croient point à cet effet du canal souterrain, s'ils le déclarent *extravagant* ou impossible, c'est qu'ils ne connaissent pas le genre d'écluse que j'ai composé pour les navigations fluviales, pour y servir à volonté de déchargeoir et de coursier très-rapide, c'est qu'ils ignorent que depuis quinze ans il en existe une de cette espèce sur la Saône, vis-à-vis de Gray et que, soit ouverte ou fermée, elle résiste à toutes les débâcles, ou qu'ils ne font pas attention que ce sont deux écluses pareilles et liées ensemble par une masse de rocher indestructible, qui formeront tout ce canal comme d'une seule pièce.

VI. Une sixième difficulté, proposée par le génie militaire, c'est qu'en cas de siège, ce souterrain serait exposé aux feux de l'ennemi, leur servirait même de parallèle, de logement et de communication d'un côté à l'autre de la citadelle, et nécessiterait ainsi de nouveaux ouvrages de fortification pour défendre le souterrain lui-même. Mais erreur, répond le cit. Bertrand; le souterrain, au contraire, sera un nouvel ouvrage défensif de tous les autres, et un retranchement pour la garnison, et lorsque l'assiégeant arriverait là, il y aurait long-tems que les assiégés auraient fait le sacrifice des écluses, des maisons, etc. ce qui est d'ailleurs sans vraisemblance d'arriver jamais, parce que la place de Besançon, par sa mauvaise position, ne peut jamais soutenir un siège en règle et n'a besoin que d'être défendue d'un coup de main, parce que, depuis qu'elle est française, elle a toujours joui de la paix et n'a jamais rien éprouvé de semblable, quoique frontière extrême, ce qu'on doit beaucoup moins avoir à craindre aujourd'hui, qu'elle est devenue absolument intérieure, et très-éloignée de tout ennemi. (*La suite à un autre cahier*).

CORVÉES ET COMMERCE.

Suite des Observations à ce sujet.

Le Contrôleur-général avait sous lui un magistrat chargé du détail, et qui régissait par lui-même la généralité de Paris.

Elle était divisée en deux départemens, dont l'un comprenait la ville, les fauxbourgs et banlieue, sous le titre de *Pavé de Paris*; l'autre s'étendait sous le nom de *Ponts-et-Chaussées*, jusqu'aux bornes des généralités dont il était environné.

Dans l'un et dans l'autre, les formalités du droit et de la police étaient remplies par le bureau des finances en corps, et par les trésoriers de France qui avaient des commissions particulières. Pour la conduite des ouvrages du pavé de Paris, il y avait sous le commissaire un inspecteur-général et quatre sous-inspecteurs, avec un garde de la prévôté de l'hôtel, pour l'exécution des ordres. Les travaux du surplus de la généralité étaient dirigés par des ingénieurs en chef ou sous-inspecteurs, sur les plans et la conduite d'un inspecteur-général.

La régie directe des provinces était confiée aux Intendans, sous les ordres du Ministre et l'instruction particulière du Commissaire-général. Chaque Intendant y remplissait les formes du droit et de la police, et par sa propre autorité et par celle d'un Trésorier de France de sa généralité, revêtu d'une commission du gouvernement. Il y avait dans chacune de ces généralités un ingénieur en chef et quelquefois deux, plusieurs sous-inspecteurs, sous-ingénieurs et élèves, en proportion des ouvrages à faire. Tous ces officiers de l'art étaient subordonnés à un inspecteur-général.

Il y avait, pour toute la France, un premier ingénieur et cinq inspecteurs-généraux.

Enfin on entretenait à Paris une école, où des maîtres gagés instruisaient les élèves, non-seulement des mathématiques et du dessin, mais encore des deux architectures, publique et civile.

Outre ces deux départemens du pavé de Paris et des ponts-et-chaussées, l'administration en embrassait un troisième, connu sous la désignation de *Turcies et Levées* des rivières de Loire, Cher et Allier, auquel présidait pour la police, les formalités et la visite des ouvrages, un officier en titre d'intendant. Il y avait, pour les projets et la conduite des ouvrages, un ingénieur-général, deux ingénieurs en chef qui lui étaient subordonnés, l'un pour le haut et l'autre pour le bas de la Loire, et plusieurs sous-inspecteurs et sous-ingénieurs. (*La suite à un autre cahier*).

IIIme. CAHIER DE L'AN XII,

DU RECUEIL POLYTECHNIQUE DES PONTS ET CHAUSSÉES,

ET

DES CONSTRUCTIONS CIVILES DE FRANCE, EN GÉNÉRAL.

CANAL DU RHÔNE AU RHIN.

SUITE des Observations sur ce Canal, d'après le précis de cette affaire, publié par le citoyen BERTRAND, inspecteur-général des ponts-et-chaussées.

VII. ON oppose encore qu'au lieu de contourner, de visiter et de desservir tout le pourtour de la ville, le canal passeroit loin des portes, et par-là enleveroit aux habitans tous les avantages de la navigation.

Voilà, répond l'inspecteur-général Bertrand, le cri de l'intérêt particulier de la localité qui se met toujours en avant et en opposition de l'intérêt général. Mais, ajoute-t-il, il est aussi aveugle que mal fondé : le canal traverseroit les deux faubourgs de Rivotte et de Tarragnoz qui sont entre deux portes et au pied de la citadelle. Il auroit un beau rivage absolument libre, pour charger et garer à toute heure et à toute hauteur des eaux, ce qui seroit impossible autrement; et quand il n'auroit point cet avantage, destiné qu'il est au commerce général de la France et même de l'Europe, quand il léseroit en quelque chose l'intérêt du commerce particulier, il auroit droit de lui commander ce sacrifice et de l'exiger.

VIII. On oppose une huitième difficulté : on dit qu'une lieue de plus n'est rien en comparaison de la dépense du souterrein dans un trajet tel que celui de la Méditerranée à la mer du Nord. Ici, après avoir caressé l'intérêt local, en lui accordant beaucoup trop, on le néglige entièrement, en ne lui donnant plus rien du tout : car, si une lieue n'est rien dans le trajet de la Méditerranée à la mer du Nord, elle est très-considérable pour la localité de Besançon, à qui une lieue de plus à faire pour les denrées et approvisionnemens qui lui arrivent du voisinage, peut doubler et même tripler le trajet de ces denrées, et en augmenter ainsi beaucoup le prix au détriment et préjudice de la ville et des environs.

IX. On oppose encore que le canal souterrein rendroit la navigation générale plus incommode, plus lente et plus coûteuse, attendu qu'il seroit trop étroit pour que les bateaux pussent y croiser ou être tirés par des chevaux.

On se trompe, réplique l'inspecteur-général, si l'on croit que les chevaux pourront être employés au hallage du pourtour de la ville, ou que cela seroit plus expéditif et moins cher que ce même service à bras d'hommes, et en bornant *à trois heures et un tiers*, le temps que le souterrein épargneroit aux bateliers; la commisson civile n'a pas assez estimé les retards, embarras et entraves qu'ils éprouveroient sur une lieue de circuit inutile, par le passage de trois écluses au moins, en plein lit de rivière, par celui de deux ponts, dont un beaucoup trop bas, par trois renvois de la *cordelle*, et d'un rivage à l'autre, par les difficultés et accidens inséparables de la moindre des crues, par l'assujétissement des consignes et des heures pour l'ouverture et la clôture des portes, etc. etc. Ainsi ce seroit, non pas quelques heures, mais des journées entières que les mariniers seroient obligés de perdre : ce ne seroit pas trois francs, mais le triple et le quadruple dont chaque bateau seroit grevé, tandis que par le souterrein et les deux fauxbourgs, il trouveroit bientôt les abordages, gîtes, magasins et secours nécessaires, à quinze ou vingt fois meilleur compte.

X. L'on oppose encore la dépense comparée; que l'ingénieur-en-chef du département du Doubs, bien détaillée et bien calculée, porte à 195,000 fr., et le génie militaire à 400,000 fr. Mais, dit le citoyen Bertrand, cette dernière estimation est évidemment excessive, parce qu'elle suppose qu'il y auroit nécessité de voûter toute la galerie, tandis que la nature du rocher, bien connue, démontre qu'aucune partie n'auroit besoin de voûte artificielle, et l'estimation même des ingénieurs civils à 195,000 fr. est déjà trop haute, en ce qu'elle suppose que la matière des fouilles seroit inutile, au lieu qu'il est constant qu'elle seroit presque toute pierre de taille, propre à bâtir en ville comme en rivière, et étant, quoi qu'on en dise, très-bien connue, tant par son extérieur que par son intérieur, que le puits de la citadelle perce dans son centre et en entier du haut en bas. D'un autre côté, le projet du capitaine Laurent, passant par les fausses brayes, est estimé par lui-même 353,000 fr., sans compter le port de Chamars, les indemnités et tous les accessoires prévus ou imprévus, d'où il faut conclure qu'il iroit à près du triple que celui du canal souterrein.

XI. La comparaison de la dépense d'entretien est encore bien autrement à son avantage : car il seroit ouvert dans un roc naturel, sans aucune maçonnerie artificielle et sans aucune autre charpente, que les portes des deux écluses, tandis que les canaux des deux autres projets seroient quatre ou cinq fois plus longs, construits en ouvrages qui presque tous ne pourroient être qu'en bois et exposés à toutes les crues et débâcles de la rivière, au choc des glaçons, des arbres et autres corps flottans; en sorte que malgré l'énormité de la première dépense, il faudroit presque tous les ans les renouveller.

XII. L'inspecteur-général Bertrand se croit donc en droit de conclure que le canal souterrein mérite la préférence à tous égards; 1° sous le point de vue militaire et de l'art défensif de la place; 2° sous celui des avantages du commerce général et même de celui de Besançon en particulier; 3° enfin, sous celui de la dépense en constructions nouvelles et en entretiens avenirs.

Tel est l'exposé de l'état de question du canal à former pour la jonction du Rhône au Rhin, que vient de publier l'inspecteur-général Bertrand, question qu'il nomme lui-même, controverse avec autant de vérité que de raison : car il paroît que les divers intérêts et les passions sont intervenus dans la discussion de cette affaire, de manière à embrouiller le tout beaucoup plus qu'à l'éclaircir. Les Ministres de la guerre et de l'intérieur avoient nommé une commission mixte de trois ingénieurs civils des ponts-et-chaussées, et de trois ingénieurs militaires, pour que la réunion des lumières des deux génies, pût opérer l'accord entre eux sur un plan qui, remplissant le but de la jonction du Rhône au Rhin, ne fît aucun tort ou dommage aux fortifications de la place de Besançon. Au lieu de s'accorder conformément aux vues des Ministres, les deux génies se sont entièrement divisés, au point que celui des ponts-et-chaussées est totalement et sans modification en faveur du projet Bertrand (*Voyez* pag. 5), et que le génie militaire le proscrit absolument et le déclare absurde et impraticable. Il est difficile de croire qu'un plan ainsi approuvé sans modification par la section civile, comme remplissant le but de la navigation, celui de la plus grande économie, tant pour la construction que pour l'entretien ; enfin, celui de ne point endommager les fortifications de la place, soit réellement absurde et impraticable. Mais, veut-on savoir ici la vérité ? c'est que le génie militaire y est venu avec son esprit, qui est celui de tout emporter par la force beaucoup plus que par la raison.

Il n'est point de guerres plus interminables que les guerres d'opinions ; plus la nuance qui les différencie est légère, plus la guerre est acharnée. *Mahomet*, dit Montesquieu, *trouva les arabes paisibles ; il leur donna des opinions, et les voilà conquérans.* Dans ces conflits d'opinions, il se trouve toujours des gens qui savent profiter habilement des circonstances pour les mettre à profit et avancer leurs affaires. L'intérêt particulier est toujours le plus grand ennemi de l'intérêt général, sous le voile duquel, néanmoins il a toujours soin de se couvrir. Ici l'esprit de corps paroît s'être joint aux vues d'intérêt particulier. Chaque corps a voulu avoir l'honneur de faire prévaloir un plan de son génie : chaque individu a conçu l'espérance d'attacher son nom à l'entreprise, peut-être, en y étant employé, de servir avantageusement des vues d'intérêt et de fortune. De là, l'impossibilité de s'accorder ; de là, la lenteur de la marche de cette affaire vers le succès desiré pour le bien public, but du Gouvernement ; de là, l'oubli de toutes les convenances, l'oubli même complet de la chose toute entière pour laquelle on étoit assemblé. Quel étoit l'objet de la commission, lorsqu'elle s'est réunie ? C'étoit la jonction du Rhône au Rhin par un canal de navigation. Au lieu de cette jonction et de ce canal, le génie militaire rêve des fortifications à ajouter à la place de Besançon, qui, d'une part, n'en sauroit recevoir d'utiles, beaucoup moins de nécessaires, parce que tout le monde étant d'accord que sa mauvaise position ne lui permettra jamais de faire une bonne défense, en cas de siége, elle n'a besoin que d'être défendue d'un coup de main, et que par son état actuel, elle a cet avantage assuré ; d'autre part, étant devenue aujourd'hui comme centrale et très-éloignée des frontières et de tout ennemi, elle a moins besoin que jamais de puiser au trésor public, pour ajouter à ses moyens de défense. Mais encore une fois, de quoi s'agit-il ? quelle est la mission de la commission ? est-ce de faire des fortifications à la ville ou à la citadelle, ou de faire un canal pour la jonction du Rhône au Rhin ? Ne perdons point de vue notre objet : il n'est point douteux, c'est la jonction du Rhône au Rhin. Les projets défensifs sont donc ici inutiles, intempestifs et superflus ; la dépense triple dans laquelle leurs auteurs ne sauroient déguiser qu'ils entraîneront nécessairement, est encore bien plus intempestive. Les ingénieurs militaires n'avoient ici qu'une seule et unique mission presqu'entièrement passive, celle d'inspecter le plan de chaque canal à ce qu'il n'endommageât en rien les fortifications de la ville, et d'opiner entre deux plans, lequel rempliroit mieux ce but. Ils n'ont pû articuler que le plan endommageât en rien les fortifications : là finissoit leur ministère. Leur impuissance d'affirmer que le canal pût porter aucune atteinte aux fortifications, devoit entraîner leur approbation : leur silence à cet égard vaut ici une approbation formelle. Mais, malgré leurs projets d'emporter l'affaire, malgré leurs plans imaginés pour l'embrouiller, comme l'observe fort bien l'inspecteur-général Bertrand, ils paroissent néanmoins avoir senti leur foiblesse ; car ils ont cru devoir s'étayer de la municipalité de Besançon et même de sa chambre de commerce, dont quelques individus, peut-être lésés par le projet qui écarteroit la route de la navigation du voisinage de leurs habitations, de leurs domiciles ou de leurs manufactures, ont entraîné leurs corps à décrier le projet et à solliciter sa proscription, malgré leur incompétence et leur défaut de mission à cet égard, et nonobstant les avantages multipliés qui doivent résulter de son exécution, pour le commerce, pour la ville, pour la république et même pour l'Europe entière.

L'affaire, en cet état, est sous les yeux du Gouvernement, dont on attend la décision. Fût-elle une erreur, elle vaudra toujours beaucoup mieux que le résultat des diverses passions en fermentation. L'autorité n'est jamais intéressée que pour le bien public : son honneur et sa sûreté en dépendent également, nous n'ignorons pas ce qu'a dit un poëte :

Quid quid delirant reges plectuntur Achivi.

Néanmoins nous donnerons toujours la préférence aux erreurs mêmes de l'autorité, sur l'abandon de ses pouvoirs aux passions des subalternes. Nous sommes devenus sages par l'expérience, et elle nous a appris que par cette raison, s'il est certain qu'elles ne doivent être jamais encensées, il l'est également qu'elles doivent être toujours respectées.

CANAL DE L'OURCQ.

Nous venons de recevoir une lettre signée Bernard, sans qualité ni désignation, relative aux derniers cahiers du Recueil Polytechnique, que l'impartialité qu'elle réclame nous engage à publier pour notre propre satisfaction autant que pour celle de son auteur.

« J'ai lu, citoyen, les numéros où vous parlez du canal de l'Ourcq, et malgré l'impartialité dont vous faites profession, je crains que, même sans intention et contre votre intention peut-être, vous ne vous en soyez un peu écarté. Il est si aisé de donner dans l'erreur ! il vous en est échappé une première bien constante : vous dites que, partant pour l'Egypte, le citoyen Girard n'étoit que simple élève des ponts-et-chaussées ; il est bien réel et bien certain qu'il avoit la qualité d'ingénieur ordinaire. Ne vous en seroit-il pas échappé une seconde ? Au lieu d'attribuer à un empressement de zèle quelques écarts, peut-être forcés, de la marche ordinaire et légale suivie dans les ouvrages de ce genre, quoique vous reconnoissiez formellement ce zèle dans le citoyen Girard, avez-vous bien rendu jusqu'à quel point il a pu être emporté par ce zèle et maîtrisé par les circonstances, vu sur-tout celle de la volonté marquée du premier Consul, de faire avancer promptement cet ouvrage ? Je soumets ces réflexions et quelques autres moins essentielles, qu'il vous sera aisé de faire en relisant votre article, à votre judicieuse impartialité, persuadé que si elles vous paroissent établir en sa faveur une légitime réclamation de justice à lui rendre, vous vous empresserez de le faire et pour votre propre satisfaction et pour celle du public, qui toujours exige que justice soit rendue à chacun selon ses œuvres. » Salut, etc.

Pour rendre la justice, qui est le vœu de cette lettre et le nôtre en même tems, nous avons appris, mieux informés, que le citoyen Girard étoit, en partant pour l'Egypte, *ingénieur ordinaire*. Quant aux écarts de la marche légale à suivre dans les ouvrages dont il est question, nous réitérons la déclaration et reconnoissance de son zèle, mais sans avoir de sa personne aucune connoissance particulière, pas plus que de celle du citoyen Gauthey; nous réitérons aussi que rien ne dispense, pas même le plus grand zèle, de se conformer à la règle, dans des travaux d'une si grande importance, et qui souvent par-là même manquent leur succès et le but d'utilité qu'on se propose, lorsqu'ils ne sont pas présidés par l'économie et éclairés, par toutes les lumières réunies de la science et de l'expérience. « Quand on se conforme à » la loi, dit Daguesseau, elle est responsable des erreurs; quand on ne s'y » conforme pas, on se charge de la responsabilité toute entière. »

Avantages qui résultent des ouvertures de rues, et formation de places publiques nécessaires aux communications dans l'intérieur des villes, bourgs et villages.

Pour donner à nos lecteurs une idée certaine de ces avantages, nous avons inséré dans ce cahier le détail de la division de l'emplacement d'une ci-devant communauté de religieuses, sise à Paris, quartier du Marais, au moyen du percement de plusieurs rues, passages et formation de places publiques, tel qu'il est figuré au plan gravé ci-joint.

Ce plan et ses détails nous ont été communiqués par un artiste; il peut intéresser le public, en démontrant clairement les avantages qui résultent des rues, passages et autres ouvertures pratiquées à travers un emplacement ou terrein quelconque, pour faciliter par des issues et des abords commodes et bien ménagés, l'exploitation la plus favorable et la plus avantageuse de ce même terrein. L'artiste qui nous a communiqué ce plan avec tous les renseignemens relatifs et nécessaires, nous a fait voir que la compagnie qui a acquis ce domaine, a gagné cent pour cent, par l'exploitation qui y est détaillée et dont on aura une idée aussi juste que complette, en jetant les yeux sur le plan même qui est ci-joint et qui en démontre le résultat.

Ce plan avoit donné lieu à plusieurs projets de division et distribution, qui ont été communiqués aux acquéreurs pour s'arrêter à celui qu'ils trouveroient le plus avantageux. L'architecte qui les avoit conçus en avoit d'abord formé un premier qui conservoit tous les principaux corps de bâtimens, et formant un cloître carré, suivant l'usage des communautés, composé des parties n°s. 1, 18, 39 et 40, qu'on y voit encore figurées. Pour opérer cette conservation, il eût soutenu sur deux arcades pratiquées au droit du mot *Mesnil-Montant*, les bâtimens de ce cloître. Cette opération n'ayant pas été agréée, il en fut formé un autre qui créoit une patte d'oie, à partir de la rue Saint-Louis, au point coté n° 1. Les acquéreurs trouvèrent quelques désavantages à ce second plan, et on en forma un troisième, auquel ils s'arrêtèrent, et c'est celui dont nous donnons ici la gravure avec ses détails.

(1) Il paraît que le conseil des ponts-et-chaussées va de nouveau examiner cette affaire.

Il fut suivi de point en point; on fit élever des murs de clôture, pour séparer les rues et places qui y sont figurées, des terreins destinés à bâtir. Ces terreins furent ensuite divisés par lots, pour pouvoir être vendus de même avec plus de facilité et davantage, et tirer un meilleur parti des matériaux provenans de la démolition, en les vendant aux acquéreurs qui pourroient y former des projets de bâtir.

Le premier lot a été vendu seize mille livres.	16,000 liv.
Le 5ᵉ et 18ᵉ.	9,000
Le 55ᵉ.	7,000
Le 4ᵉ.	4,000
Le 9ᵉ et 10ᵉ.	8,000
Le 15ᵉ.	2,000
Le 7ᵉ, 8ᵉ, 11ᵉ et 12ᵉ.	10,000
Le 44ᵉ et 52ᵉ.	4,000
Les matériaux provenans de la démolition, ont produit. . .	40,000
Les acquéreurs ont reçu en outre, par la location des parties cotées 19, 20, 21, 22, 23, 24, 25, 33, 34, 35, 36, 37 et 38, deux mille quatre cent livres de loyer par an, depuis l'an 6, que ces objets étoient occupés en chantiers de bois ou autrement, ce qui fait encore un capital de quarante-huit mille liv. . . .	48,000
Les parties cotées 39, 40, 41, 42 et 54, sont également louées depuis cette époque, à raison de quinze cents liv., ce qui forme en capital trente mille liv.	30,000
Les cotes 16 et 17 ont été louées également moyennant quatre cent liv., ce qui forme un capital de.	8,000
Il reste donc les nᵒˢ 26, 27, 28, 29, 2, 5, 6, 13, 14, 30, 31, 32, 45, 46, 47, 48, 49, 50 et 51, formant 19 lots, produisant ensemble 800 toises, qui ont été évaluées cinquante liv. la toise, (1) l'une portant l'autre, ce qui donne encore un capital de quarante mille liv.	40,000

Il faut observer que les acquéreurs de ce domaine ont plusieurs fois refusé au-delà de 50 liv. la toise, dont on avoit d'abord estimé ce terrein, puisqu'il leur a été offert, de certaines portions, jusqu'à 70 et même jusqu'à 100 liv. la toise, qu'ils ont refusé. On leur a également offert au-delà de ce *prorata*, en valeur de la location de plusieurs lots, sans qu'ils aient été tentés d'accepter ces offres. Leur refus est fondé sur plusieurs motifs qui leur donnent une très-grande espérance de voir augmenter prochainement toutes les valeurs dans ce quartier.

Le premier, est la construction projettée depuis long-temps, et aujourd'hui en pleine activité, d'un pont sur la Seine, près le jardin des Plantes. Ce pont ne peut pas manquer de produire un très-grand mouvement dans toutes ces parties, et par suite nécessaire, une grande augmentation de commerce, de population, de consommations et de spéculations de tout genre.

Un second motif venoit de l'espérance de pouvoir traiter un jour à l'amiable

(1) Cette évaluation est au dessous du quart du prix de 1789, époque où, dans ce quartier, la toise se vendoit 250 liv.

avec quelques propriétaires voisins, dont les propriétés, d'une médiocre profondeur, étoient nécessaires à acquérir pour ouvrir la rue dite Neuve-de-Bretagne, et celle dite Neuve-de-Ménil-Montant, figurées au plan; ainsi qu'un passage à celle du Pont-aux-Choux; et cette espérance est déjà réalisée pour le passage à la rue du Pont-au-Choux, et pour l'ouverture de la rue Neuve-de-Mesnil-Montant.

Il ne reste plus, pour couronner l'espoir des acquéreurs, d'après le plan de l'artiste qui les a dirigés dans cette opération, que l'acquisition à faire, en traitant de gré à gré, d'un terrein nud au bout de la rue Neuve-de-Bretagne, entre les nos 32 et 49, coté E, pour conduire cette rue jusques sur le Boulevard du Pont-aux-Choux, et une seconde acquisition sur la rue du Pont-aux-Choux entre les nos 49 et 50, cotée B, au moyen de laquelle cette rue provisoire, désignée H***, prendroit ouverture sur ladite rue du Pont-aux-Choux, et pourroit même, étant prolongée au droit de sa partie cotée C et D, joindre la rue de Harlay et celle des Tournelles, qui est la prolongation de celle du Petit-Saint-Gilles, figurée au plan ci-joint, et ne former avec elles qu'une seule rue tirée au cordeau, jusqu'à celle Saint-Antoine, et qui formeroit l'embellissement de tout le quartier, procureroit l'avantage de tous les propriétaires, de tous ceux qui l'habitent, et une grande facilité de communications.

Ces propriétés, voisines du domaine dont il est question, n'ayant que très-peu de profondeur, comme douze et quatorze pieds, et même quatre seulement en certains endroits, ne forment guères qu'environ dix toises de superficie à acquérir; et il seroit facile de faire concevoir, tant aux propriétaires vendeurs qu'aux acquéreurs, qu'ils pourroient y trouver respectivement de très-grands avantages; car ceux dont la propriété très-médiocre en superficie, sépare le Boulevard ou la rue du Pont-aux-Choux, du terrein des acquéreurs du Calvaire, pourroient obtenir de ces derniers en échange une étendue beaucoup plus considérable, et gagner ainsi en superficie ce que les premiers gagneroient en valeur et en facilités pour les communications et issues, et pour la vente de leur terrein. On auroit même pû faire à certains propriétaires riverains de ce domaine, d'après l'observation de l'artiste, des offres d'un terrein trois fois plus considérable que celui qu'ils auroient cédé, pour ces ouvertures, sans qu'aucune des parties en fût lésée, ou même put manquer d'y trouver son avantage et un bénéfice considérable.

Cet artiste a encore proposé d'autres ouvertures et passages qui pourroient également augmenter la valeur de ce domaine, ainsi que celle des propriétés qui l'avoisinent.

La difficulté est de parvenir à concilier toutes les prétentions intéressées, qui s'exaltent à proportion des offres avantageuses qui leur sont faites, et qui n'ont jamais de terme que celui des concessions.

S'il étoit possible de faire tomber d'accord les propriétaires des parties lavées en rouge sur le plan, de manière qu'il consentissent à prolonger en droite ligne la rue H***, comme nous l'avons indiqué, jusqu'à celle des Tournelles, qui joint celle du Petit-Saint-Gilles et celle Saint-Antoine, formant ensemble près d'un quart de lieue : on voit, par l'inspection du plan, que cette rue des Tournelles, aboutissant à celle Saint-Gilles, qui forme un coude en retour sur les Boulevards, pourroit être amenée jusqu'à celle du Harlay et à celle Saint-Claude, qu'elle traverseroit ainsi que celle du Pont-aux-Choux, moyennant cette unanimité des propriétaires, qui tous y trouveroient leur avantage.

Car ce plan ainsi exécuté, ils auroient chacun deux encoignures de rues propres à former des établissemens de commerce ou d'agrément, qui donneroient par là même une augmentation de valeur et de rapport à leurs propriétés, et en rendroient le produit bien plus solide et bien plus certain qu'il ne l'est aujourd'hui, qu'ils manquent d'issues et de débouchés commodes et avantageux.

On peut, en jetant les yeux sur le plan de Paris, voir du premier coup d'œil, que cette direction pourroit encore se prolonger jusqu'à la rue Boucherat, en traversant celle des Filles-du-Calvaire, et en ouvrant en face de la partie cotée A, qui est une propriété appartenant à un seul individu, et qui occupe la moitié de la rue des Filles-du-Calvaire et la moitié de celle Boucherat environ, et formant l'encoignure de l'une et de l'autre. Cette même direction iroit rendre dans la rue de Périgeux, qui conduit à celle de Bretagne, en face de celle de Limoges, qui se rend par un détour à celle de Turenne, ci-devant Saint-Louis, par celle Saint-François. Ces ouvertures, en procurant l'embellissement du quartier, auroient encore l'avantage de donner des facilités et des dégagemens nécessaires à tous les habitans et à tous les propriétaires, qui en pourroient tirer des relations nouvelles utiles à toutes sortes de spéculations. Et chaque ouverture, pour pouvoir être exécutée, ne demande que l'accord de deux propriétaires, qui y gagneroient l'un et l'autre.

Nous laissons à ces propriétaires, aux gens de l'art, aux amateurs, et même aux simples habitans de Paris, qui aiment l'embellissement de la ville et s'en occupent, à prendre ces vues en considération, à les combiner de manière à pouvoir même, en y ajoutant des apperçus nouveaux, les rendre plus utiles et plus agréables. On peut même en profiter pour les transporter en d'autres quartiers de Paris, ou même en d'autres villes des départemens; leur donner des développemens différens, plus ou moins ingénieux, plus ou moins utiles, plus ou moins heureux, et donner lieu à des projets plus vastes, plus étendus, et par conséquent plus avantageux à la prospérité du commerce de cette grande ville.

Nous nous bornons, pour le moment, à rappeler le fait essentiel qui nous a donné lieu d'entrer en matière sur ce sujet, savoir : que les acquéreurs du domaine en question, après l'avoir acquis 42,000 fr. écus, et y avoir dépensé autres 40,000 fr., pour exploitation, division et partage en plusieurs lots, ouvertures de rues, places et passages, murs de clôture, etc., ce qui forme un capital de 82,000 fr., en ont tiré 226,000 fr., et conséquemment un bénéfice net de 144,000 fr., c'est-à-dire, deux cents pour cent, tel que nous l'avons annoncé.

Enfin, l'ancien Gouvernement, pénétré des avantages particuliers et du bien général qui résultent de pareilles améliorations dans une ville comme Paris, avoit, par l'arrêt du conseil, rendu en 1785, sous le ministère de M. de Breteuil, décidé et ordonné tous ces embellissemens, par un système général qui embrassoit toute la ville. Le nouveau Gouvernement est entré dans ces mêmes vues, et paroît même vouloir les dépasser bien loin de rester en arrière.

IDÉE

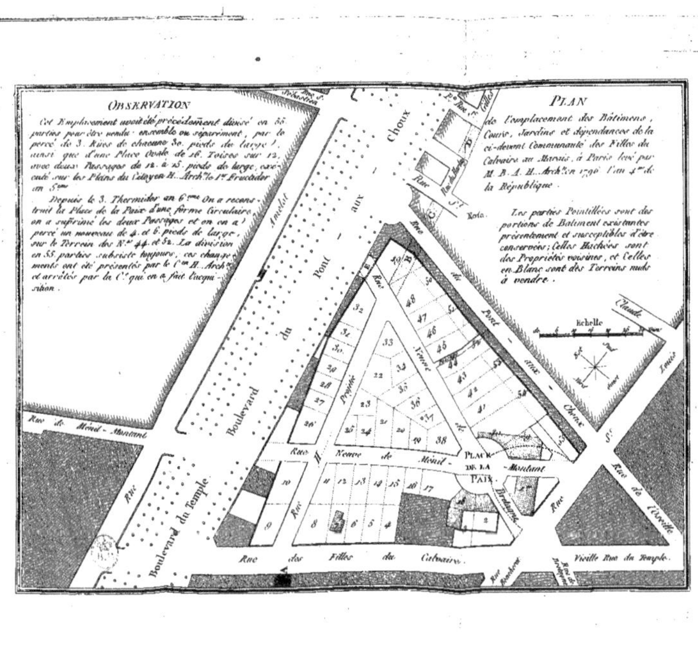
PLAN
de l'emplacement des Bâtimens, Cours, Jardins et dépendances de la ci-devant Communauté des Filles du Calvaire au Marais, à Paris levé par M. B. A. H... Arch.te en 1796 l'an 4.me de la République.
Nota.
Les parties Pointillées sont des portions de Batiment existantes présentement et susceptibles d'être conservées; Celles Hachées sont des Propriétés voisines, et Celles en Blanc sont des Terreins nuds à vendre.
OBSERVATION
Cet Emplacement avoit été précédement divisé en 55 parties pour être vendu ensemble ou séparément, par le percé de 3. Rües de chacune 30. pieds de large, ainsi que d'une Place Ovale de 26. Toises sur 12, avec deux Passages de 12. à 15. pieds de large, exécuté sur les Plans du Citoyen H... Arch.te le 1.er Fructidor an 5.me
Depuis le 3. Thermidor an 6.me On a reconstruit la Place de la Paix d'une forme Circulaire, on a suprimé les deux Passages et on en a percé un nouveau de 4. et 6. pieds de large, sur le Terrein des N.os 44. et 52. La division en 55. parties subsiste toujours, ces changements ont été présentés par le C.en H... Arch.te et arrêtés par la C.e qui en a fait l'acquisition.
Echelle
Rue du Pont aux Choux
Boulevard du Pont aux Choux
Amelot
Boulevard du Temple
Rue de Ménil-Montant
Rue Neuve de Ménil-Montant
PLACE DE LA PAIX
Rue des Filles du Calvaire
Vieille Rue du Temple
Rue de l'Oreille
Rue S.t Louis
Claude

IDÉE DU PROGRÈS DES ARTS

Dans l'Amérique Septentrionale, en 1803 ou an 11 et 12 de la République française.

Si l'on veut avoir une idée des miracles que peuvent opérer les arts, les sciences et le commerce, par de bonnes institutions, et par des routes, des canaux et autres constructions, entreprises et exécutées avec constance dans un état, il faut lire une lettre de Philadelphie, en date du 7 août dernier. Comme elle est entièrement relative à ces objets, qui sont le sujet du *Receuil Polythecnique*, et des matières qui y sont spécialement traitées, nous allons la donner en entier, comme très-propre à intéresser toutes les classes de lecteurs qui s'en occupent, soit par état, soit simplement comme amateurs.

Philadelphie, 7 août. « Monsieur, le vaiseau, par lequel j'ai l'honneur de vous écrire, n'ayant pas encore mis à la voile, je saisis cette occasion pour vous tracer une esquisse des améliorations progressives qui se sont faites parmi nous depuis votre départ; et, si je n'ai point été prévenu par d'autres correspondans, j'espère que ce récit ne sera point sans intérêt pour vous.

Vous avez été à l'Opéra de Paris, vous y avez vu en un moment des forêts ou des déserts, changés en cités ou en palais; lorsque vous serez de retour parmi nous, vous croirez que le même art magique a opéré dans nos contrées.

Il n'est point étonnant que les étrangers se soient toujours trompés quand ils ont voulu parler de nous; car, l'imagination pouvant à peine suivre la rapidité de nos progrès, ceux qui sont venus parmi nous, et qui, de retour dans leur patrie, ont voulu décrire l'Amérique, n'ont pu parler que de ce qu'ils avoient vu, et non de ce qui existoit au moment où ils écrivoient.

La promptitude avec laquelle se sont accrues les villes de *Philadelphie*, *New-Yorck* et *Baltimore*, est presque incroyable. *Philadelphie* a vu sept à huit cents maisons s'élever dans son enceinte pendant le cours de cette année; les autres se sont accrues dans la même proportion.

Les professions de charpentier et de maçon sont dans un état de prospérité étonnante; pour les encourager davantage, notre législature, à sa dernière session, a passé un acte, par lequel elle leur a donné un hypothèque spéciale sur les maisons qu'ils ont bâties, ou dont ils ont fourni les matériaux. *Chesnut-Street* s'étend déjà au-delà de *Ninth-Street*, et delà, sans discontinuation, jusqu'à *Centeo-Squaré;* chaque côté de la rue est orné de maisons élégantes. *Marcket Street*, *Arch-Street*, s'avancent dans la même proportion; la place où étoit *la Folie-Morris*, est aujourd'hui couverte de maisons, coupées par une belle rue appelée *Samson-Street*, nom du propriétaire qui a entrepris ces travaux.

A *New-Yorck*, la grande route et *Grennwick-Street*, avancent prodigieusement; le belvédère se trouve maintenant près de la ville; au-delà du parc, on bâtit la nouvelle ville de *Hall*, cité agréable et élégante, autour de laquelle s'élèvent déjà une prodigieuse quantité de maisons; à *Long-Island*, *Broocklyn*, se transforme en ville; l'étendue de *Baltimore* est double de ce qu'elle étoit il y a quelques années; *Fels-Point*, où l'on ne voyoit auparavant qu'un petit nombre de maisons, est devenu un des plus beaux quartiers de la ville;

Richemond, en Virginie, s'accroît de la même manière; *Stockoe-Hil*, où l'on ne voyoit que l'unique palais du gouverneur, est aujourd'hui entièrement couvert de maisons. Je ne parle point des nouvelles villes de Rome, de Paris, d'Utique, cités qui s'élèvent maintenant dans le *Genesse*, et où l'on verra un jour de nouveaux Scipions, de nouveaux Trajans, de nouveaux Bonaparte, déployer leur génie, pour la gloire, le bonheur et la prospérité de leur pays.

Tous les états semblent animés d'une noble rivalité pour l'embellissement des communications intérieures, l'ouverture des grandes routes et des canaux de navigation : c'est à celui que vous avez habité qu'appartient l'honneur d'avoir montré l'exemple. Les nôtres, pour avoir voulu former d'abord de trop grandes entreprises, ont été moins heureux; mais aujourd'hui, devenus plus sages par vos exemples, ils ont repris leurs travaux avec succès; les barrières et les canaux occupent en ce moment toutes les têtes. On ne sauroit dire jusqu'à quel point les états de la Nouvelle-Angleterre ont amélioré leur pays, par ces sortes de communications. Ceux de *New-Yorck* et de la *Pensylvanie*, s'occupent du même objet. Notre législature, dans sa dernière session, a rendu plusieurs lois relatives aux grandes routes; parmi celles dont il est question, il en est une qui s'étendra de *Willkesbarré à Easton*, et qui joindra la *Schuyskill* à *la Suequehannah;* une autre qui se prolongera de *Philadelphie* à *Morrisville*, du côté opposé à *Trenton;* enfin, plusieurs autres dont l'énumération seroit trop longue. On a ouvert, et rempli en peu d'heures, une souscription pour la construction d'un pont sur la *Delaware*, à Trenton. On se propose, immédiatement après, d'établir une route delà jusqu'à *New-Yorck*. Le pont sur la *Schuyskill*, de l'autre côté de Philadelphie, est fort avancé, et sera entièrement achevé dans le cours de l'été prochain; il coûtera à peu près 1,200,000 fr. de notre monnoie, mais cette somme n'est rien, car on s'occupe en ce moment d'un grand nombre d'autres entreprises aussi dispendieuses; tous les jours on ouvre de nouvelles souscriptions, qui se remplissent en un instant; et cependant les caisses de nos capitalistes sont loin d'être épuisées. La souscription pour l'immense entreprise d'un canal projetté entre la *Delaware* et *Chesapeack*, est aussi remplie; les premiers paiemens sont faits, et les travaux sur le point d'être commencés, avec une certitude morale de succès. Outre le pont que l'on construit sur la *Schuyskill*, on bâtit encore la Nouvelle Philadelphie, de l'autre côté de cette rivière, sur le terrein appartenant à M. Hamilton.

On doit, au printemps prochain, y bâtir trente maisons; les emplacemens s'y vendent fort cher. Que penseriez-vous, si je vous disois qu'une nouvelle *Brooklyn* s'élève dans le Jersey, de l'autre côté de la *Delaware*, à l'opposite de Philadelphie; et que l'œil est surpris de voir, de l'extrémité de *Market-Street*, des groupes de maisons élégantes, dont l'ensemble a de loin l'apparence d'un joli village? Me croiriez-vous, si je vous disois qu'on bâtit une longue suite de maisons sur les bords de la *Delavare*, entre Trenton et Lamberton, et que d'ici à quelques années, ces deux villes se trouveront réunies? Nous sommes vraiment dans un pays de féerie. Tout ce que je crains, en vous détaillant ces prodiges, c'est que vous me soupçonniez d'exagération; et néanmoins je ne parle que des objets qui sont sous mes yeux. Que seroit-ce si je pouvois également décrire ce qui se passe loin de moi?

Vous pourez prendre une idée de l'immensité de nos capitaux, quand vous saurez qu'il se forme tous les jours dans nos villes de nouvelles banques et de nouvelles compagnies d'assurance. Philadelphie vient de s'accroître de deux établissemens de ce genre; et avec tant de promptitude, qu'ils n'ont même pas attendu la formalité de l'incorporation, et si la législature l'a leur refuse, ils sont décidés à passer outre, au moyen d'une association semblable à celles que vous appelez en France, sociétés en commandite. Les opinions de nos hommes de loi sont partagées sur la légalité de ces sortes d'actes qui introduiroit parmi nous un genre d'association inconnu.

J'aurois trop à vous dire, si j'entreprenois de vous parler de l'accroissement de nos manufactures.

Nous possédons ici une honorable société, dont le but unique et particulier est d'encourager cette branche de notre industrie nationale. Ses correspondances sont très-étendues, et elle se propose, à la première occasion, de publier le premier volume de ses transactions. J'aurai soin de vous en adresser un exemplaire; vous y trouverez un recueil d'observations et de faits dont on n'a pas la moindre idée en Europe.

La prospérité de l'Amérique offre un tableau que l'œil de l'homme n'a jamais contemplé. Grâces en soient rendues à la douceur, à la protection et aux encouragemens d'un gouvernement, qui conduit et dirige tout avec l'unique secours d'une force morale; puissance admirable qui fait naître parmi nous des millions d'hommes actifs, industrieux et éclairés, toujours occupés de la gloire, de la paix et du bonheur de leur pays.

RAPPORT fait au Gouvernement de la République, par le Ministre de l'intérieur, relatif à l'emplacement de la ci-devant Bastille.

Du 10 frimaire an 12.

Citoyen, premier Consul.

Au terme de la loi du 27 juin 1792 (vieux style), il doit être formé une place et élevé un monument sur l'ancien terrein de la Bastille.

D'un autre côté, la loi du 29 floréal an 10, relative à l'ouverture du canal de dérivation de la rivière d'Ourcq, porte, article III :

« Il sera ouvert un canal de navigation, qui partira de la Seine, au dessus » du bastion de l'Arsenal, se rendra dans les bassins de partage de la Villette, » et continuera par Saint-Denis, la Vallée de Mont-Morency, pour aboutir » à la rivière d'Oise, près Pontoise. »

Je m'étois déjà, citoyen premier Consul, occupé d'un plan d'exécution de la place ordonnée par la loi du 27 juin 1792, en utilisant les terreins, tant de l'ancien arsenal que des ci-devant Célestins, qui y sont contigus, lorsque la loi du 29 floréal m'a suggéré l'idée de faire entrer dans ce projet l'établissement d'un bassin propre à recevoir les eaux du canal, dont la construction est ordonnée par l'article III de cette dernière loi.

Ces deux dispositions (la place et le bassin) se trouvent en conséquence réunies dans le travail que j'ai l'honneur de vous soumettre, et qui, par les vues qu'il embrasse, m'a paru de nature à fixer l'attention du Gouvernement.

En voici, citoyen premier Consul, les principales dispositions.

Une grande place circulaire, au milieu de laquelle figure un bassin de même forme, orné à son pourtour d'une double rangée d'arbres.

L'entrée de la grande rue du Faubourg-Saint-Antoine, reportée de l'ouest au sud-ouest de sa position actuelle, afin de rectifier le contour qu'elle forme à son ouverture, et de la faire arriver symétriquement sur la place, en face de la rue Saint-Antoine, avec laquelle elle ne formera plus qu'une seule rue, qu'on pourra regarder comme la plus belle de la capitale.

Le canal destiné à la réception des eaux de l'Ourcq, sera établi dans le fossé de l'Arsenal. Deux rangées d'arbres orneront chacune de ses rives.

Ce canal communiquera du côté du sud avec la Seine, et du côté du nord avec le bassin circulaire de la place.

Par ses dispositions, la grande place circulaire deviendra le rendez-vous du boulevard, du canal à ouvrir, des deux allées qui en bordent les rives, et de plusieurs rues, dont l'arrivée a été combinée de manière à former sur cette place des façades circulaires et symétriques de même grandeur.

Enfin, citoyen premier Consul, le terrein de la Bastille et de l'Arsenal se trouveront divisés en îlots, distribués de manière à en faciliter la vente, ainsi que l'ouverture des nouvelles rues qui concourront avec les autres arrangemens à embellir et dégager toute cette partie.

Pour effectuer le redressement de la rue Saint-Antoine, ainsi que les autres dispositions qu'exige la formation de la place, il sera indispensable d'acquérir 5,375 mètres 40 centimètres superficiels de terrein et bâtimens qui entrent dans la circonscription du projet, et il en résultera, par approximation, une somme de. . . . . 1,069,598 fr.

Mais en adoptant le plan, il sera indispensable d'ajouter à cette dépense celle de la construction d'un égoût voûté pour la décharge des eaux d'une partie du faubourg Saint-Antoine. Il faudra que cet aqueduc circule dans le terre-plein de la place, et qu'il soit appuyé entre le mur actuel de la courtine de l'Arsenal. L'égoût aura environ 900 toises de développement, qu'on peut évaluer à 600 fr. la toise, à cause de la profondeur des fouilles et des cheminées, et trappes à observer de 100 mètres en 100 mètres, pour en faciliter le nettoyement. On peut évaluer la dépense de cet égoût à. 500,000

Ce qui portera la dépense totale à. . . . . 1,569,598 fr.

Cette dépense, qui paroît forte au premier apperçu, se trouvera compensée et au-delà.

1°. Par l'accroissement des valeurs des terreins et bâtimens, dont l'état est propriétaire dans les environs, notamment de ceux de l'Arsenal; les terreins y pourront être aliénés, à la seule charge d'exécuter le projet;

2°. Par les impositions que produiront les maisons et édifices qui borderont les nouvelles rues; ensorte que le projet pourra s'exécuter, sans qu'il en résulte aucune charge pour le trésor public;

Ce projet aura encore l'avantage de substituer à l'immensité de décombres qui maintenant obstruent, deshonorent le vaste emplacement de la Bastille, un grand monument de bienfaisance publique, lié à des dispositions secondaires, également avantageuses aux citoyens et au fisc, et de raviver le commerce et l'industrie dans cette partie de la capitale.

J'ai en conséquence, citoyen premier Consul, l'honneur de vous soumettre le plan que j'ai fait dresser à ce sujet, auquel est annexé celui de la topographie actuelle des terreins de la Bastille, ainsi que des autres terreins qui entrent dans ce plan.

J'ai également l'honneur de vous proposer de prendre l'arrêté dont le projet est ci-joint.

Salut et respect, *signé*, CHAPTAL.

Paris, le 11 frimaire an 12.

Le Gouvernement de la République, sur le rapport du Ministre de l'intérieur, arrête ce qui suit :

ART. I. La loi du 27 juin 1792 (vieux style), qui ordonne la formation d'une place sur le terrein de la Bastille, recevra son exécution.

II. Le plan présenté à ce sujet par le Ministre de l'intérieur, et auquel est annexé celui de la topographie actuelle des terreins de la Bastille, est adopté.

III. Le plan adopté par l'article II, comprend les dispositions suivantes :

1°. Une grande place circulaire, au milieu de laquelle sera construit un bassin de même forme, orné à son pourtour d'une double rangée d'arbres ;

2°. L'entrée de la rue du Faubourg-Saint-Antoine sera reportée de l'ouest au sud-ouest de sa position actuelle, afin de rectifier le contour qu'elle forme à son ouverture, et de la faire arriver symétriquement sur la place, en face de la rue Saint-Antoine, avec laquelle elle ne formera plus qu'une seule rue.

IV. Le canal destiné à la réception des eaux de l'Ourcq, sera établi dans le fossé de l'Arsenal, de manière à communiquer du côté du sud avec la Seine, et du côté du nord avec le bassin circulaire; deux rangées d'arbres orneront chacune des rives de ce canal.

Par ses dispositions, la grande place circulaire, indiquée au premier paragraphe de l'article III, deviendra le point de réunion des boulevards intérieurs de Paris, celui du canal et des deux allées qui en borderont les rives, ainsi que de plusieurs rues combinées, de manière à former sur cette place des façades circulaires et symétriques de même grandeur.

V. Les terreins dépendans de l'Arsenal, de l'ancienne Bastille, et autres, qui se trouveront disponibles par suite des opérations indiquées aux articles précédens, et au plan approuvé par l'article II, seront divisés en îlots, de manière à en faciliter la vente par parties.

VI. L'ensemble de ces terreins sera abandonné pour la dépense qu'entraînera l'exécution du plan, et le Ministre des finances est autorisé à en traiter avec celles des compagnies qui pourront se présenter, dont les offres paroîtront les plus avantageuses au Gouvernement.

VII. La compagnie qui sera chargée de cette opération, prendra l'engagement, 1° d'acquérir les 5,375 mètres 40 centimètres de terreins et batimens particuliers qui entrent dans la circonscription du projet; 2° de faire la construction d'un égoût voûté, d'environ 900 toises de développement, pour la décharge des eaux d'une partie du faubourg Saint-Antoine.

VIII. Les Ministres de l'intérieur et des finances sont chargés, chacun en ce qui le concerne de l'exécution du présent arrêté.

Le premier Consul, *signé*, BONAPARTE.

Par le premier Consul,

Le Secrétaire d'état, *signé*, H. B. MARET.

Nota. On trouvera dans l'un des cahiers suivans le plan de Paris, gravé géométriquement en petit réduit, où est figuré le canal et le bassin dans toute leur étendue dont il vient d'être parlé dans l'arrêté ci-dessus.

ACTES DU GOUVERNEMENT.

Paris, le 9 frimaire an 12.

Le Gouvernement de la République, sur le rapport du Ministre de l'intérieur, vu les articles XII et XIII du titre III, de la loi du 22 germinal dernier, relatifs au livret sur lequel doivent être inscrits les congés délivrés aux ouvriers, le Conseil d'état entendu, arrête :

TITRE Ier.

Dispositions générales.

Art. I. A compter de la publication du présent arrêté, tout ouvrier travaillant en qualité de compagnon ou garçon, devra se pourvoir d'un livret.

II. Ce livret sera en papier libre, côté et paraphé sans frais; savoir, à Paris, Lyon et Marseille, par un commissaire de police, et dans les autres villes, par le maire ou l'un de ses adjoints. Le premier feuillet portera le sceau de la municipalité, et contiendra le nom et le prénom de l'ouvrier, son âge, le lieu de sa naissance, son signalement, la désignation de sa profession, et le nom du maître chez lequel il travaille.

III. Indépendamment de l'exécution de la loi sur les passe-ports, l'ouvrier sera tenu de faire viser son dernier congé par le maire ou son adjoint, et de faire indiquer le lieu où il se propose de se rendre.

Tout ouvrier qui voyageroit sans être muni d'un livret ainsi visé, sera réputé vagabond, et pourra être arrêté et puni comme tel.

TITRE II.

De l'inscription des Congés sur le livret, et des obligations imposées à cet égard aux ouvriers et à ceux qui les emploient.

IV. Tout manufacturier, entrepreneur, et généralement toutes personnes employant des ouvriers, seront tenus, quand ses ouvriers sortiront de chez eux, d'inscrire sur leurs livrets un congé portant acquit de leurs engagemens, s'ils les ont remplis.

Les congés seront inscrits sans lacune, à la suite les uns des autres : ils énonceront le jour de la sortie de l'ouvrier.

V. L'ouvrier sera tenu de faire inscrire le jour de son entrée sur son livret, par le maître chez lequel il se propose de travailler, ou, à son défaut, par les fonctionnaires publics désignés en l'article II, et sans frais, et de déposer le livret entre les mains de son maître s'il l'exige.

VI. Si la personne qui occupe l'ouvrier, refuse sans motif légitime, de remettre le livret, ou de délivrer le congé, il sera procédé contre elle de la manière et suivant le mode établi par le titre V de la loi du 22 germinal. En cas de condamnations, les dommages-intérêts adjugés à l'ouvrier seront payés sur-le-champ.

VII. L'ouvrier qui aura reçu des avances sur son salaire, ou contracté l'engagement de travailler un certain temps, ne pourra exiger la remise de son livret, et la délivrance de son congé, qu'après avoir acquitté sa dette par son travail, et rempli ses engagemens, si son maître l'exige.

VIII. S'il arrive que l'ouvrier soit obligé de se retirer, parce qu'on lui refuse du travail ou son salaire, son livret et son congé lui seront remis, encore qu'il n'ait pas remboursé les avances qui lui ont été faites : seulement le créancier aura le droit de mentionner la dette sur le livret.

IX. Dans le cas de l'article précédent, ceux qui emploieront ultérieurement l'ouvrier, feront, jusqu'à entière libération, sur le produit de son travail, une retenue au profit du créancier.

Cette retenue ne pourra, en aucun cas, excéder les deux dixièmes du salaire journalier de l'ouvrier : lorsque la dette sera acquittée, il en sera fait mention sur le livret.

Celui qui aura exercé la retenue, sera tenu d'en prévenir le maître, au profit duquel elle aura été faite, et d'en tenir le montant à sa disposition.

X. Lorsque celui pour lequel l'ouvrier a travaillé, ne saura ou ne pourra écrire, ou lorsqu'il sera décédé, le congé sera délivré, après vérification, par le commissaire de police, le maire du lieu ou l'un de ses adjoints, et sans frais.

TITRE III.

Des formalités à remplir pour se procurer le livret.

XI. Le premier livret d'un ouvrier lui sera expédié, 1° sur la présentation de son acquit d'apprentissage ; 2° ou sur la demande de la personne chez laquelle il aura travaillé ; 3° enfin, sur l'affirmation de deux citoyens patentés, de sa profession et domiciliés, portant que le pétitionnaire est libre de tout engagement, soit pour raison d'apprentissage, soit pour raison d'obligation de travailler comme ouvrier.

XII. Lorsqu'un ouvrier voudra faire coter ou parapher un nouveau livret, il représentera l'ancien. Le nouveau livret ne sera délivré qu'après qu'il aura été vérifié que l'ancien est rempli ou hors d'état de servir. Les mentions des dettes seront transportés de l'ancien livret sur le nouveau.

XIII. Si le livret de l'ouvrier étoit perdu, il pourra, sur la représentation de son passe-port en règle, obtenir la permission provisoire de travailler, mais sans pouvoir être autorisé à aller dans un autre lieu ; et à la charge de donner à l'officier de police du lieu, la preuve qu'il est libre de tout engagement, et tous les renseignemens nécessaires pour autoriser la délivrance du nouveau livret, sans lequel il ne pourra partir.

XIV. Le Grand-Juge Ministre de la justice, et le Ministre de l'intérieur, sont chargés de l'exécution du présent arrêté, qui sera inséré au bulletin des lois.

Le premier Consul, *signé*, BONAPARTE.
Par le premier Consul,
Le Secrétaire d'état, *signé*, H. B. MARET.

ARRÊTÉ qui ordonne qu'il sera établi sur l'Escaut un bassin à flot, susceptible de contenir vingt-cinq vaisseaux de guerre, et un nombre proportionnel de frégates et autres bâtimens.

Le Gouvernement de la République, sur le rapport du Ministre de l'intérieur, arrête :

ART. I. Il sera établi sur l'Escaut, sur l'emplacement du Polder-Marguerite, situé sur la rade de Terneuse, un bassin à flot, susceptible de contenir vingt-cinq vaisseaux de guerre, et un nombre proportionnel de frégates et autres bâtimens.

II. La digue au nord du Polder-Marguerite, actuellement inondée, sera reconstruite; celle à l'ouest, et les deux épis sur le fleuve, seront réparés.

III. Le préfet de l'Escaut, présentera incessamment au Ministre de l'intérieur, le projet d'un rôle de contributions, à répartir sur les propriétaires des Polders limitrophes du Polder-Marguerite, pour la part qu'ils ont à supporter dans les dépenses ordonnées par l'article II, et avancées par le Gouvernement. Les produits de cette contribution seront recouvrés par la régie de l'enregistrement.

IV. Les Ministres de la marine, de l'intérieur et des finances, sont chargés de l'exécution du présent arrêté.

Le premier Consul, *signé*, BONAPARTE.

Par le premier Consul, le Secrétaire d'état, *signé*, H. B. MARET.

NOUVELLES INVENTIONS.

On parle de deux inventions nouvelles qui ont pour objet d'accélérer la marche des péniches et bateaux plats, destinés à l'expédition contre l'Angleterre. La première consiste à faire entrer dans la manœuvre des embarcations légères, quatre roues extrêmement solides, qu'on adopte aux deux côtés du bâtiment, et auxquelles on imprime le mouvement, au moyen d'un pareil nombre de manivelles, établies dans l'intérieur. Pour avoir une idée de cette machine, il suffit de se représenter des roues dont les rayons seroient plats et larges. La seconde invention consiste à adapter de même aux côtés du bâtiment, des pagayes, construites à l'instar des avirons dont se servent les sauvages, mais comme on l'imagine bien, d'un travail plus parfait. Ce sont des espèces de balanciers de fer, au bout desquels sont appendues de grandes pelles, qui s'ouvrent pour former le point d'appui dans l'eau, et qui se referment lorsqu'on relève la manivelle. L'une et l'autre de ces expériences, faites aux chantiers des Invalides, ont complètement réussi; et quelques personnes assurent que le premier Consul doit s'en assurer par ses yeux.

— Il y a vingt ans que M. Brunet, entrepreneur, avoit imaginé une voûte, composée de petits bois de charpente, assemblés en échiquier, pour la couverture de la Magdelaine; lorsqu'il fut engagé à y faire des modèles de constructions, qui ont été vus et approuvés par les académies des sciences et d'architecture: le modèle de la voûte, qui étoit resté dans l'atelier du modèle de l'église de la Magdelaine, a été transporté au Luxembourg, pour servir à construire la voûte du grand escalier, qui a été exécutée par M. Quantiart, charpentier. M. Brunet, en suivant le même procédé, vient de faire établir par M. Lacaze, un comble sur un bâtiment, cour de la Sainte-Chapelle. Ces constructions ont l'avantage de n'employer que de petit bois de charpente; de procurer des couvertures légères, solides, durables et de toutes grandeurs, sans poussée, sur-tout en plan circulaire, où la poussée est absolument nulle. Si le feu y prenoit, on auroit le temps d'y porter secours, et on répareroit facilement le dommage; ce qui ne peut pas avoir lieu avec le système de Philibert Delorme. Le même procédé peut avoir lieu en fer comme en bois.

Fin du troisième cahier de l'an 12.

On souscrit, pour cet Ouvrage, à Paris, rue de la Monnaie, n° 15; quai des Augustins, n° 47; et au bureau du Recueil Polythecnique, rue Bar-du-Bec, n° 2, au Marais, où toutes lettres et paquets doivent être adressés, franc de port, au directeur, à compter du 1er nivôse an 12.

www.ingramcontent.com/pod-product-compliance
Ingram Content Group UK Ltd.
Pitfield, Milton Keynes, MK11 3LW, UK
UKHW020429230726
13925UKWH00004B/1662